普通高等教育土木类专业"十四五"系列教材

JIANSHE GONGCHENG LUNLI

土木

建设工程伦理

● 主编　杜兴亮

m

郑州大学出版社

内容提要

《建设工程伦理》教材对工程伦理的兴起、发展、伦理规范、工程责任进行了较为全面、系统的讲述，本书共 8 章。

本书注重理论联系实际，吸收前沿理论，主要运用案例分析方法进行理论分析。每章以引例开始，引出内容，在内容讲解过程中结合案例进行分析，每章结束再次引入案例，巩固学习效果。

本书可作为高等学校建设工程类专业学生的职业伦理教材，也可作为工程技术人员的职业培训教材。

图书在版编目（CIP）数据

建设工程伦理/ 杜兴亮主编.—郑州：郑州大学

出版社,2023.8

ISBN 978-7-5645-9839-6

Ⅰ.①建… Ⅱ.①杜… Ⅲ.①建筑学-伦理学-高等

学校-教材 Ⅳ.①TU-021

中国国家版本馆 CIP 数据核字（2023）第 149672 号

建设工程伦理

JIANSHE GONGCHENG LUNLI

策划编辑	祁小冬		封面设计	苏永生
责任编辑	刘永静		版式设计	凌 青
责任校对	李 蕊		责任监制	李瑞卿

出版发行	郑州大学出版社		地 址	郑州市大学路 40 号（450052）
出 版 人	孙保营		网 址	http://www.zzup.cn
经 销	全国新华书店		发行电话	0371-66966070
印 刷	广东虎彩云印刷有限公司			
开 本	787 mm×1 092 mm 1 / 16			
印 张	9.75		字 数	239 千字
版 次	2023 年 8 月第 1 版		印 次	2023 年 8 月第 1 次印刷
书 号	ISBN 978-7-5645-9839-6		定 价	29.00 元

本书作者
Authers

··

主　　编　杜兴亮

副 主 编　闫振林　王　领

参　　编　张军伟　李福恩　孙香莉

前 言
Foreword

··

　　中国是当今世界上的工程大国,正在向工程强国迈进。近年来,工程伦理日益成为科技哲学领域的热门话题。实践证明,工程,尤其是大工程,不纯粹是自然科学技术的应用,还关涉道德、人文、生态和社会等诸多维度的问题,这使得工程师面临特别的义务或责任,工程伦理便是这种责任的反思。

　　近年来,诸多工程事故触目惊心,其中涉及工程师的伦理道德的失范。在工程活动中除了要求工程师具有相关专业知识外,还要求他们从工程伦理规范的角度审视工程项目是否对人类生存的环境和社会造成影响,这就要求工程师能够在复杂的利益关系中自觉履行其职业责任。工程师职业伦理观的形成离不开工程伦理教育,而大学阶段的工程伦理教育对工程师的价值观与伦理观的形成影响非常大,是对工程师进行工程伦理教育的最好时期。

　　本书在编写过程中注重理论联系实际,吸收前沿理论,主要运用案例分析方法进行理论分析。每章以引例开始,引出本章写作内容,在内容讲解过程中结合案例进行分析,每章结束再次引入案例,巩固学习效果。

　　本书由工程伦理教学一线教师主编,编写教师具有丰富的教学实践,编写分工如下:河南财政金融学院杜兴亮编写第2章、第3章、第4章的引例、4.1节和4.2节;河南财政金融学院闫振林编写第1章的引例、1.1节、1.2节、1.3节、1.4节,以及第5章、第6章;河南财政金融学院王领编写第7章,以及第8章的引例、8.1节、8.2节;河南农业大学张军伟编写第4章的4.3节、4.4节;郑州航空工业管理学院李福恩编写第1章的1.5节、1.6节;中恒信工程造价咨询有限公司河南分公司孙香莉编写第8章的8.3节、8.4节。

　　本书在编写过程中,参考了国内外许多学者的研究成果,在此表示衷心的感谢。由于时间仓促,再加上编者水平有限,书中难免有疏漏和不足之处,敬请广大读者指正。

编　者
2023 年 2 月

目录 CONTENTS

▷▷▷►

1 绪 论

【引例】

    C 城中心医院(简称中心医院)位于城区二环线与城市主干道交会的要冲地带,始建于 2000 年 6 月 1 日,占地面积 190 亩(1 亩≈666.7 平方米),是集医疗、急救、康复、科研、教学为一体的三级甲等综合医院。中心医院建院后业务发展迅速,医疗用房严重不足,停车需求与日俱增,加之 2010 年以来全科医生培训任务日渐繁重,为解决住院难、停车难、培训场所欠缺等问题,拟建设医疗综合楼(含全科医生培训基地)。中心医院于 2012 年 9 月委托××国际工程设计研究院(以下简称××国际)编制《C 城中心医院医疗综合楼(含全科医生培训基地)建设项目环境评估影响报告书》(以下简称《环评书》),项目于 2012 年 10 月通过 C 城环境保护局(简称 C 城环保局)审查并取得环评批复(C 环管〔2012〕085号)。2012 年 10 月 8 日,C 城发展和改革委员会(以下简称 C 城发改委)就医疗综合楼项目进行立项(C 发改〔2012〕645 号)。2012 年 12 月 23 日,C 城发改委批复了医疗综合楼工程可行性研究报告(C 发改〔2012〕812 号),报告批示本项目位于中心医院内,高 95.2 米,25 层,总建筑面积 53520 平方米,总投资 26815 万元。

    兴建医疗综合楼本是改善医疗条件、造福人民群众的善举,但其选址却严重侵犯了与其仅一墙之隔的 TC 物流小区(简称小区) 207 户居民的生命安全与身体健康。医疗综合楼紧贴小区,与邻近居民楼间最小间距仅为 17 米,不满足相邻结构物间建筑间距的最低要求。小区居民对医疗综合楼的修建忧心忡忡,既担心生命权、财产权、平等权、发展权等基本权利受侵犯,又担忧采光权、日照权、通风权等合法权益受损。随着项目进程的开展,小区居民的反对之声日益高涨。

    (案例来源:王进,彭妤琪.土木工程伦理学[M].武汉:武汉大学出版社,2020)

案例思考:中心医院医疗综合楼建设受阻的原因是什么?请剖析本案例中隐含的工程伦理。

1.1 建设工程伦理的重要性及研究意义

1.1.1 建设工程伦理的重要性

    建设工程是社会历史发展的重要见证,建设工程产品反映了各个历史时期社会经济、文化、科学、技术发展的全貌。它的魅力在于把人类的想象借助科技力量加以实现,同时为人们提供住房,创造就业机会,提高生活质量。但是,随着时代进步和科技发展,以及人民日益增长的提高生活水平的需求,建设工程项目越来越向技术复杂、施工精细化、设施设备水平高、大跨度、高耸等方向发展,建设期间一旦发生质量和安全事故,经济损失大、社会影响恶劣,其后果极为严重。与此同时,建设工程的发展也面临着更加复杂的社会问题。首先,每年大量的建设工程需要更多的建设用地,这对我国的耕地保护是一大挑战,工程建设产生的水源、土壤、空气污染问题,自然资源的浪费现象等,都反映出建设工程活动在可持续发展方面遭遇的困境。其次,一些建设工程已经成为地震、水灾、滑坡、泥石流等自然灾害的诱因,可能造成巨大的财产损失和人员伤亡。再次,部分城市超高层建筑的发展,造就了"城市水泥森林",虽然节约了土地,但也给后期的管理埋下了种种隐患。最后,建设工程从业人员职业道德的缺失是工程建设面临的最大问题,私改规划、设计缺陷、偷工减料、以次充好等现象屡禁不止,从业人员责任心不强、法治意识不强等更是普遍现象,人为降低了建设工程质量和品质。

生态环境是由生态关系组成的环境的简称,是与人类密切相关、影响人类的生产和生活的各种自然力量的总和。所以说,科学技术发展的水平有多高,人类对生态环境影响的程度就有多深,二者是成正比的。重视科学技术对生态环境的影响,是全世界共同关注的重大问题。科学技术在现代人类发展的过程中,有着不可估量的作用。现代文明没有科学技术不可能实现,我们现在之所以生活得如此方便,是科学技术进步带来的,比如智能家居、智能手机、清洁能源、粮食增产。科学技术无声无息地潜入我们的生活,深刻地影响着我们的生活。科学技术的发展改变了人类生活的条件、状况和环境,同时,科学技术的发也造成了生态环境污染,危害社会生态的健康体系。以全球气候变暖为例,全球气候变暖是由于温室效应,导致地气系统吸收与发射的能量不平衡,能量不断在地气系统累积,从而导致温度上升,造成全球气候变暖。数据显示:1981—1990 年全球平均气温比 100年前上升了 0.48 ℃;2019 年,全球气候系统变暖加速,物候期提前、冰川消融、海平面上升,多项历史纪录被刷新,全球平均温度较工业化前高出约 1.1℃,是有完整气象观测记录以来第二暖的年份。由于人们焚烧化石燃料如石油、煤炭,砍伐森林并将其焚烧,这个过程产生大量的二氧化碳即温室气体,这些温室气体对来自太阳辐射的可见光具有高度透过性,而对地球发射出来的长波辐射具有高度吸收性,能强烈吸收地面辐射中的红外线,导致地球温度上升,即温室效应。全球变暖会使全球降水量重新分配、冰川和冻土消融、海平面上升等,不仅危害自然生态系统的平衡,还影响人类健康甚至威胁人类的生存。由此可见,科学技术已经对我们这个世界产生了深远而广泛的影响。工程师在科学技术发展的各个方面扮演着核心角色,如在创造产品、加强环境保护、节约能源消耗、促进身体健康以及消除自然灾害等方面,给人类生活带来更多的便捷并增进美好。然而技术在带来益处的同时,也产生了环境破坏、生态失衡等负面影响,严重破坏了社会环境和自然环境,甚至危及人类自身的生存。所以技术的风险,不应该被技术的好处所掩盖,同时技术的负面影响也不是可以完全预见的,除了基本的和可预见的技术影响外,也存在潜在的二次影响。因此环境、生态等问题将长期存在,人们也将长期受到危害。工程师在工程活动中对于技术设计、改进等方面起着重要作用,同时面临的某些职业利益会影响到一个人的职业判断,使其判断变得不可靠,也面临是对公司负责还是对公众利益负责的困境。因此,工程师亟须建设工程伦理的支撑。

1.1.2 建设工程伦理的研究意义

中国是当今世界的工程大国,经过三峡工程、南水北调工程、杭州湾跨海大桥、青藏铁路、京沪高铁等一批举世震惊的大型工程的建设,积累了宝贵的建设经验,得到了世界的认可。中国已经在水电站建设、港口建设、高铁建设等方面开始向外输出先进的大型工程经验,正在向工程强国迈进。近年来,随着建设工程的规模越来越大、技术日益复杂,工程建设对社会和人们的生活影响越来越大,甚至有些建设工程已成为社会舆论的焦点,因此,工程伦理日益成为科技哲学领域的热门话题。大量事实证明,建设工程尤其是大工程,已不再是纯粹的自然科学技术的应用,绝不是工程师和工程师团体闭门就能解决的问题,还涉及道德、人文、生态和社会等诸多维度的问题,这使得工程师面临特别的义务或责任,工程伦理便是这种责任的批判性反思。2016 年 8 月 19 日,习近平总书记在全国卫生与健康大会上的讲话中指出,绿水青山不仅是金山银山,也是人民群众健康的重要保障。对生态环境污染问题,各级党委和政府必须高度重视,要正视问题、着力解决问题,而不要去掩盖问题。群众天天生活在环境之中,对生态环境问题采取掩耳盗铃的办法是行不通的。党中央对生态环境保护高度重视,不仅制定了一系列文件、提出了明确要求,而且组织开展了环境督察,目的就是要督促大家负起责任,把生态环境保护工作做好。要按照绿色发展理念,实行最严格的生态环境保护制度,建立健全环境与健康监测、调查、风险评估制度,重点抓好空气、土壤、水污染的防治,加快推进国土绿化,治理和修复土壤,特别是耕地污染,全面加强水源涵养和水质保护,综合整治大气污染,特别是雾霾问题,全面整治工业污染源,切实解决影响人民群众健康的突出环境问题。

工程是调动自然界中巨大的动力资源来为人类所使用,给人类带来便利的技术。与"工程"概念相应,工程师就是以工程为职业的人。1818 年,英国土木工程师协会创立,这是第一个官方承认的职业工程师组织,在差不多的时期,美国、法国、德国等纷纷成立类似组织,这标志着工程师职业正式出现。在中国,现代意义的工程和工程师都是舶来品,它是近代洋务运动中人们依据"工正""工匠师""工师"等传统说法引申出来的,在清末民初一度与"工师""工程司"等并用。中国工程师最早孕育于晚清的留美幼童群体以及船政留欧群体之中,代表人物有詹天佑等。最早的工程师职业团体是 1913 年詹天佑等人发起成立的中华工程师学会,早期著名工程有京张铁路。欧美工程大规模扩张与工业革命和电力革命息息相关,主要是在 19 世纪下半叶和 20 世纪上半叶,伴随着大型公共工程如运河、铁路的建设,以及大型工业公司的崛起。第二次世界大战之后,西方发达国家已然进入了工程和工程师的时代,工程师成为社会主流职业,工程成为改造世界的主要手段,给人们的生活方式带来了深刻的影响。中华人民共和国成立以来,中国工程事业有了长足发展,但根本性的飞跃是在改革开放之后。改革开放 40 多年来,中国的工程从业者、工程师以及理工科大学毕业生的人数急剧增加,建设了一批令世界震惊的宏大工程,当代中国也进入了名副其实的"工程师时代"。

在当代社会,人们吃、住、办公等都离不开工程,工程建设对每个人都有影响,因而工程伦理与每个社会成员息息相关。

20 世纪七八十年代,工程伦理研究在发达国家日益受到关注,在 21 世纪初逐渐成为科技哲学界的国际性热门问题。这与工程和工程师在当代社会的重要地位是紧密相连的。今天,中国已然成为全球首屈一指的工程大国,工程伦理的研究和实践在中国毫无疑问具有重大的理论和现实意义。

【案例】江西丰城发电厂"11·24"冷却塔施工平台坍塌特大事故

【新华社南昌4月24日电】 4月24日,江西省宜春市中级人民法院和丰城市人民法院、奉新县人民法院、靖安县人民法院对江西丰城发电厂"11·24"冷却塔施工平台坍塌特大事故(以下简称"11.24"特大事故,图1-1)所涉9件刑事案件进行了公开宣判,对28名被告人和1个被告单位依法判处刑罚。

法院经审理查明,2016年11月24日,江西丰城发电厂三期扩建工程发生冷却塔施工平台坍塌特大事故,造成73人死亡、2人受伤,直接经济损失10 197.2万元。

法院经审理查明,该起坍塌事故属于特别重大生产安全责任事故。建设单位江西赣能股份有限公司丰城三期发电厂(以下简称"丰电三期")在未经论证、评估的情况下,违规大幅度压缩合同工期,提出策划并与工程总承包单位中南电力设计院有限公司(以下简称"中南电力设计院")、监理单位上海斯耐迪工程咨询有限公司(以下简称"上海斯耐迪公司")、施工单位河北亿能烟塔工程有限公司(以下简称"河北亿能公司")共同启动"大干100天"活动,导致工期明显缩短。河北亿能公司项目部编制并经中南电力设计院总承包项目部、上海斯耐迪公司项目监理部、丰电三期扩建工程建设指挥部审查同意的《7号冷却塔筒壁施工方案》存在严重缺陷,未制定针对性的拆模作业管理控制措施。对试块送检、拆模的管理失控,在实际施工过程中,劳务作业队伍自行决定拆模。事故发生时,施工人员在混凝土强度不足的情况下违规拆除模板,造成筒壁混凝土和模板体系连续倾塌坠落,坠落物冲击与筒壁内侧连接的平桥附着拉索,导致平桥也整体倒塌,造成重大人员伤亡和财产损失。

法院经审理查明,丰电三期质量监督项目站、电力工程质量监督总站、国家能源局华中监管局和丰城市工业和信息化委员会等相关部门部分工作人员存在玩忽职守、滥用职权等行为,国电丰城鼎力新型建材有限公司违反合同约定,擅自改变混凝土配合比,未严格按照混凝土配合比添加外加剂,最终导致发生"11·24"特大事故。江西省某某集团有限公司、江西赣能股份有限公司丰城二期发电厂及江西某某实业有限公司部分工作人员还存在贪污、受贿和国有公司、企业人员滥用职权行为。

"11·24"特大事故发生后,部分被告人赶到事故现场积极组织、参加救援,大部分被告人自动投案并如实供述自己的罪行,有自首情节,依法可以从轻、减轻处罚。

图 1-1　江西省丰城发电厂三期在建冷却塔施工平台发生倒塌事故

(摘自:2020-04-24 21:15:00 新华网,新华社记者　万　象　摄)

案例思考:请根据案例介绍的情况,分析各参建单位的利益冲突是什么,并从工程伦理的角度分析如何处理这些利益冲突。

1.2　工程伦理学的发展

职业伦理是对涉及专业角色中的伦理和价值观的所有问题,以及社会中的专业行为的约束。但是在 20 世纪初期,建设工程行业对于职业伦理的认知还处于初级阶段,20 世纪初魁北克大桥之所以连续两次倒塌,背后深层次的原因就是职业伦理的意识当时尚未被人们接受,也正是因为出现了如此惨痛的工程灾难,加之同时期一系列工程事故的出现,才共同催生了职业伦理的萌芽。

1.2.1　工程伦理的发展

工程伦理伴随着工程师和工程师职业团体的出现而出现。一开始,人们认为工程任务会带给人类福祉,但后来发现工程实践目标很容易被等同于商业利益增长,这一点随着越来越多工程的实施遭到了社会批判。人们日益认识到工程师因为应用现代科学技术拥有巨大力量,要求工程师承担更多伦理的义务和责任。从职业发展来说,工程师共同体强调行业的专业化和独立性,也需要加强工程师的职业伦理建设,因而很多工程师职业组织在 19 世纪下半叶开始将明确的伦理规范写入组织章程之中。从工程实践来说,好的工程要给社会带来更多的便利,工程师必须解决社会背景下工程实践中的伦理问题,这些问题仅仅依靠工程方法是无法解决的,在工程设计中尤其要寻求人文科学的帮助。总之,工程伦理就是对工程与工程师的伦理反思,只要人们生活在工程世界中,使用工程产品,工程伦理便和每个人的生活密切相关。

按照美国哲学家卡尔·米切姆被普遍接受的看法，西方工程伦理的发展大致经过5个主要阶段：

（1）在现代工程和工程师诞生初期，工程伦理处于酝酿阶段，各个工程师团体并没有将之以文字形式明确下来，伦理准则以口耳相传和师徒相传的形式传播，其中最重要的观念是对忠诚或服从权威的强调。这与工程师首先出现在军队之中是一致的。

（2）19世纪下半叶至20世纪初，工程师的职业伦理开始有了明文规定，成为推动职业发展和提高职业声望的重要手段，如1912年美国电气工程师协会制定的伦理准则。忠诚要求被明确下来，被描述为对职业共同体的忠诚、对雇主的忠诚和对顾客的忠诚，从而达到公众认可和职业自治的程度。

（3）20世纪上半叶，工程伦理关注的焦点转移到效率上，即通过完善技术、提高效率而取得更大的技术进步。效率工程观念在工程师中非常普遍，与当时流行的技术治理运动紧密相连。技术治理的核心观点之一，是要给予工程师以更大的政治和经济权力。

（4）在第二次世界大战之后，工程伦理进入关注工程与工程师社会责任的阶段。反核武器运动、环境保护运动和反战运动等，要求工程师投身于公共福利之中，把公众的安全、健康和福利放到首位，让他们逐渐意识到工程的重大社会影响和相应的社会责任。

（5）21世纪初，工程伦理的社会参与问题受到越来越多的重视。从某种意义上说，之前的工程伦理是一种个人主义的工程师伦理，谨遵社会责任的工程师基于严格的技术分析和风险评估，以专家权威身份决定工程问题，并不主张所有公民或利益相关者参与工程决策。新的参与伦理则强调社会公众对工程实践中的有关伦理问题发表意见，工程师不再是工程的独立决策者，而是在参与式民主治理平台或框架中参与对话和调控的贡献者之一。当然，参与伦理实践还不成熟，尚在发展之中。

作为科技哲学领域的研究热点之一，工程伦理研究的核心问题是"如何让工程实现更好地使用和更多的便利"，或者可以表述为"什么是更好的工程"。工程伦理学家借助哲学和伦理学的方法，尤其是概念分析、反思性批判和全球比较等方法，结合工程实践的具体语境作出面向实践的可操作性的回答。当然，工程伦理研究内容归根结底要为提升工程和工程师的伦理水平服务，因而会随着工程实践的发展而不断变化。

1.2.2　中国工程伦理学

中国工程伦理学源于中国传统科技伦理。中国在天文历法、地学、数学、农学、医学和人文学科等诸多领域，都做出过突出贡献，其基本精神特质包括天人合一、以道驭技、以人为本和经世致用。其中，天人合一是哲学基础，以道驭技是理论核心，以人为本是价值归依，经世致用是突出特征。

中国现代工程伦理学源于对技术的哲学反思和引进西方的技术批判理论，研究始于20世纪80年代，属于工程伦理研究领域中的"后发者"。

中国工程伦理学研究呈明显的阶段性特征：

第一阶段，启蒙认识阶段（1989—1998年），开始反思技术发展引发的疑虑，主要对包括军事、生态、医疗、土木等领域技术发展带来的问题展开伦理反思。

第二阶段，探索前进阶段（1999—2008年），渐进引入工程伦理学的理念，相关研究开始逐渐深入,关于工程伦理内涵、工程伦理规范、工程伦理基本原则等问题的初步探讨取得较大成就,力图纠正工程活动中伦理"缺位"和道德思考对工程的"遗忘"这两种倾向。

第三阶段,稳步发展阶段(2009—2018 年),全面开展工程伦理学学科定位、研究主题、制度建设等重大主题的探讨。

第四阶段,特色发展阶段(2019 年至今),既要发挥工程伦理的禁止性和预防性作用,又要在探索和解决"中国问题"的过程中发现伦理的激励性和建设性作用,研判并形成"中国方案",总结和凝练"中国智慧"。

【案例】广东深圳光明新区渣土受纳场"12·20"特别重大滑坡事故

2015 年 12 月 20 日 6 时许,红坳受纳场顶部作业平台出现裂缝,宽约 40 厘米,长几十米,第 3 级台阶与第 4 级台阶之间也出现鼓胀开裂变形。现场作业人员向顶部裂缝中充填干土。9 时许,裂缝越来越大,遂停止填土。11 时 28 分 29 秒,深圳市公安局提供的德吉程厂路口监控视频显示,渣土开始滑动,自第 3 级台阶和第 4 级台阶之间、"凹坑"北面坝型凸起基岩处(滑出口)滑出后,呈扇形状继续向前滑移,滑移 700 多米后停止并形成堆积。滑坡体停止滑动的时间约为 11 时 41 分。滑坡体推倒并掩埋了其途经的红坳村柳溪、德吉程工业园内 33 栋建筑物,造成重大人员伤亡。

事故直接影响范围约 38 万平方米,南北长 1100 米,东西最宽处 630 米(前缘),最窄处宽 150 米(中部)。事故影响范围自南向北分三个区段:南段为红坳受纳场滑坡物源区,即处于第 3 级与第 4 级台阶之间滑出口以南的渣土堆路段,南北最长 374 米,东西最宽 400 米,面积约 11.6 万平方米;中段为流通区,介于滑出口与渣土堆填体原第 1 级台阶底部,南北最长 118 米,东西最窄处宽 150 米,面积约 1.8 万平方米;北段为滑坡堆积区,介于渣土堆填体原第 1 级台阶向北至外侧堆积边界线,南北最长 608 米,东西最宽 630 米,厚度 2~10 米,面积约 24.6 万平方米。滑坡物源区与滑坡堆积区最大高程差 126 米,最大堆积厚度约为 28 米。

事故共造成 73 人死亡,4 人下落不明,17 人受伤(重伤 3 人,轻伤 14 人,目前均已出院)。事故还造成 33 栋建筑物(厂房 24 栋,宿舍楼 3 栋,私宅 6 栋)被损毁、掩埋,导致 90 家企业生产受影响,涉及员工 4 630 人。事故调查组依据《企业职工伤亡事故经济损失统计标准》(GB 6721—1986),核定事故造成直接经济损失 88 112.23 万元。其中:人身伤亡后支出的费用 16 166.58 万元,救援和善后处理费用 20 802.83 万元,财产损失价值 51 142.82 万元。事故直接原因:红坳受纳场没有建设有效的导排水系统,受纳场内积水未能导出排泄,致使堆填的渣土含水过饱和,形成底部软弱滑动带;严重超量超高堆填加载,下滑推力逐渐增大、稳定性降低,导致渣土失稳滑出,体积庞大的高势能滑坡体形成了巨大的冲击力,加之事发前险情处置错误,造成重大人员伤亡和财产损失(图 1-2)。

图1-2 广东深圳光明新区渣土受纳场"12·20"特别重大滑坡事故

（摘自：广东深圳光明新区渣土受纳场"12·20"特别重大滑坡事故调查报告，中华人民共和国应急管理部，https://www.mem.gov.cn/gk/sgcc/tbzdsgdcbg/）

案例思考：广东深圳光明新区渣土受纳场"12·20"特别重大滑坡事故造成重大经济损失和人员伤亡。请从工程师职业伦理的角度分析此次事故发生的深层原因。

1.3 建构建设工程伦理学的意义

1.3.1 建设工程伦理学的定义

工程伦理学可以被分为宏观和微观两个方向：宏观工程伦理学思考工程整体与社会的关系，其着眼于工程的性质和结构、工程设计的性质等问题。微观工程伦理学是从伦理准则出发，主要面向工程伦理教学，用于解决具体的现实环境中工程伦理准则的适用问题，约束工程师的行为，使工程师的行为符合工程伦理的准则。

建设工程伦理是工程伦理学的分支。工程伦理学是对于工程实践以及工程师在工程活动中的行为进行批判与审视的学科。我们可以将工程伦理学引入到建设工程领域中，即为建设工程伦理学。如上所述，工程伦理学可以被分为宏观和微观两个方向。建设工程伦理的宏观层面则主要思考和研究建设工程的价值及其对社会伦理秩序的影响，是将建设工程活动放在广泛社会背景中考察，分析工程活动与环境、与社会、与人的关系。微观的建设工程伦理是职业伦理的一个分支。建设工程伦理的微观层面是指从伦理学的观点出发，研究建设工程活动中工程师的行为，其中包括建设工程的设计和施工，以及建设工程项目管理中应遵循的道德规范和应承担的道德责任。职业伦理主要研究职业活动主体的道德行为现象和职业活动过程中的道德关系。微观建设工程伦理研究建筑师的职业道德问题，其基本目标是树立明确的责任意识和专业精神，约束工程师的行为，促使其遵循职业道德的规范。

1.3.2 建构建设工程伦理学的意义

中国是当今世界的工程大国,正在向工程强国迈进。实践证明,工程尤其是大工程,不纯粹是自然科学技术的应用,还关涉道德、人文、生态和社会等诸多维度的问题,这使得工程师面临特别的义务或责任,工程伦理便是这种责任的批判性反思。在当代社会,人们免不了使用工程产品,免不了生活在工程世界之中,工程伦理因而与每个社会成员息息相关。

建设工程伦理学作为工程伦理学的一个新兴分支,目前的研究基本停留在将土木工程引发的伦理问题纳入传统工程伦理研究之中,既没有突出建设工程的特殊性,也未能突破从工程师个体职业伦理出发这一微观视角的限制。由于建设工程活动真正意义上的实施主体不是工程师个体而是项目团队或者建筑企业,因此,建设工程伦理学的建构,既要立足于以工程师为责任主体的个体伦理学,以激发工程师个人的伦理行为;又要上升到以项目团队或建筑企业为责任主体的团队伦理,以增加组织领导者的伦理意识;更要演进至以工程共同体为责任主体的交往伦理,以提高全行业的伦理水平。从更广义的角度看,建设工程伦理学所要探讨的则是工程对于人类和自然界整体而深远的影响。

建设工程伦理学的建构意义重大,主要包含四层意义:

一是能够维护建筑市场秩序。建设工程的交易建立在一整套精密、完整、细微、有效的契约机制之上,通过法律途径确保订约各方遵纪守法。但是,工程活动的复杂多变性,决定了法律总是有力所不逮之处。伦理作为调整和协调各种社会关系的自律性手段,在维持社会活动秩序从而保障社会有序运行方面具有不可替代的作用。

二是能够降低工程交易成本。交易成本强调的是整个社会维持一个交易系统所要付出的组织成本,绝非单一交易双方所支付的价格。建设工程作为经济发展的重要引擎之一,投资规模极大,倘若行业内部秩序混乱,必然大幅增加全社会交易成本,并损坏诚信建设。同时,越是完备的合约,其订立、执行以及监督成本就越高。建设工程伦理学的推广传播,必将激励从业人员逐渐增加同情之理解,积极展开合作,以达到交易费用最小化的目标。

三是能够减少业内专业纠纷。建设工程属于专业性极强的行业,工程师职业依附于特定的企业体制,且工程师大多不愿承认其工作存在任何疏忽或错误,这导致工程一旦出现争议,推诿情况极为严重,仲裁可能一拖再拖,诉讼必定旷日持久。建设工程伦理学能够引导争议双方基于对专业和专业团体的职业信任,采用友好协商、彼此谅解和达成共识的替代性纠纷解决方式。这种相互信任的基础就是争议各方都秉持了伦理精神。

四是能够提升专业人员地位。从事建设工程的专业人员,需要经过长期、严格的专业教育和实践训练,需要通过考核认证以获得内、外部的承认,需要把重要而独有的专业知识应用到实践中,并能服务于公众的安全、健康与福祉。忠诚于职业是工程师的使命,而忠诚于职业的具体要求就是遵守建设工程职业伦理规范。工程师只有将服务业绩和伦理操行视为同等重要,才能真正提升自身的职业形象和社会地位。

【案例】福建省泉州市欣佳酒店"3·7"坍塌事故

欣佳酒店建筑物位于泉州市鲤城区常泰街道上村社区南环路1688号,建筑面积约6 693平方米,实际所有权归泉州市新星机电工贸有限公司,未取得不动产权证书。建筑物东西长48.4米,南北宽21.4米,高22米,北侧通过连廊与二层停车楼相连。该建筑物所在地土地所有权于2003年由集体所有转为国有;2007年4月,原泉州市国土资源局与泉州鲤城新星加油站签订土地出让合同后,于2008年2月颁给其土地使用权证;2014年12月,土地使用权人变更为泉州市新星机电工贸有限公司。该公司在未依法履行任何审批程序的情况下,于2012年7月,在涉事地块新建一座四层钢结构建筑物(一层局部有夹层,实际为五层);于2016年5月,在欣佳酒店建筑物内部增加夹层,由四层(局部五层)改建为七层;于2017年7月,对第四、五、六层的酒店客房等进行了装修。事发前建筑物各层具体功能布局为:建筑物一层自西向东依次为酒店大堂、正在装修改造的餐饮店(原为沈增华便利店)、华宝汽车展厅和好车汇汽车门店;二层(原北侧夹层部分)为某某销售公司办公室;三层西侧为某某餐饮店,东侧为某某足浴中心;四层、五层、六层为欣佳酒店客房,每层22间,共66间;七层为欣佳酒店和华胜车行员工宿舍;建筑物屋顶上另建有约40平方米的业主自用办公室、电梯井房、4个塑料水箱、1个不锈钢消防水箱。2019年9月,欣佳酒店建筑物一层原来用于超市经营的两间门店停业,准备装修改做餐饮经营。2020年1月10日上午,装修工人在对1根钢柱实施板材粘贴作业时,发现钢柱翼缘和腹板发生严重变形,随即将情况报告给杨某某(泉州市欣佳酒店经营者)。杨某某检查发现另外2根钢柱也发生变形,要求工人不要声张,并决定停止装修,对钢柱进行加固,因受春节假期和疫情影响,未实施加固施工。3月1日,杨某组织工人进场进行加固施工时,又发现3根钢柱变形。3月5日上午,开始焊接作业。3月7日17时30分许,工人下班离场。至此,焊接作业的6根钢柱中,5根焊接基本完成,但未与柱顶楼板顶紧,尚未发挥支撑及加固作用,另1根钢柱尚未开始焊接,直至事故发生。

事故调查组查明,2020年3月7日17时40分许,欣佳酒店一层大堂门口靠近餐饮店一侧顶部一块玻璃发生炸裂。18时40分许,酒店一层大堂靠近餐饮店一侧的隔墙墙面扣板出现2~3毫米宽的裂缝。19时06分许,酒店大堂与餐饮店之间钢柱外包木板发生开裂。19时09分许,隔墙鼓起5毫米;2~3分钟后,餐饮店传出爆裂声响。19时11分许,建筑物一层东侧车行展厅隔墙发出声响,墙板和吊顶开裂,玻璃脱胶。19时14分许,目击者听到幕墙玻璃爆裂巨响。19时14分17秒,欣佳酒店建筑物瞬间坍塌,历时3秒。事发时楼内共有71人被困,其中外来集中隔离人员58人、工作人员3人(1人为鲤城区干部、2人为医务人员)、其他入住人员10人(2人为欣佳酒店服务员、5人为散客、3人为欣佳酒店员工朋友)。经过112小时全力救援,至3月12日11时04分,人员搜救工作结束,搜救出71名被困人员,其中42人生还,29人遇难。

事故调查组通过深入调查和综合分析,认定事故的直接原因是:事故单位将欣佳酒店建筑物由原四层违法增加夹层改建成七层,达到极限承载能力并处于坍塌临界状态,加之事发前对底层支撑钢柱违规加固焊接作业引发钢柱失稳破坏,导致建筑物整体坍塌(图1-3)。

图 1-3　福建省泉州市欣佳酒店"3·7"坍塌事故

（摘自：福建省泉州市欣佳酒店"3·7"坍塌事故调查报告，国务院事故调查组 ，2020年7月）

案例思考：福建省泉州市欣佳酒店"3·7"坍塌事故中，欣佳酒店突破层层监督违规增加夹层，最终导致"3·7"坍塌事故，作为疫情防控期间外来人员集中隔离点，社会影响恶劣。请从工程伦理的角度分析此次事故发生的深层原因。

1.4　工程伦理教育的必要性

当前，我国在工程活动中有很多问题，如在工程决策中，决策不是依照科学方法制定，而是按领导或者利益集团的想法等；在工程实施中，偷工减料、浪费资源和破坏环境等现象仍然存在；在工程评价中，存在着由于利益关系或者怕受到报复等因素而进行伪评价的现象。

1.4.1　我国的工程伦理教育和教育部门的要求差距较大

工程伦理教育在中国尚未树立起"明确、自立、自觉"的教育理念，"不自信和不自知"引发一系列亟待解决的难题：学科定位不够明晰，造成工程伦理教育处于被忽视或轻视的边缘化地位；教育实践内驱不足，导致工科学生就职业行为对社会、公众、环境、未来应负有的社会责任、道德责任不够重视；教育环境上的外因牵制，使得课堂在主流经济中心话语下难以就工程的道义问责形成具有人文关怀的伦理情境和协商氛围。

在《教育部关于印发〈高等学校课程思政建设指导纲要〉的通知》（教高〔2020〕3号）指出，培养什么人、怎样培养人、为谁培养人是教育的根本问题，立德树人成效是检验高校一切工作的根本标准。落实立德树人根本任务，必须将价值塑造、知识传授和能力培养三者融为一体，不可割裂。全面推进课程思政建设，就是要寓价值观引导于知识传授和能力培养之中，帮助学生塑造正确的世界观、人生观、价值观，这是人才培养的应有之义，更是必备内容。这一战略举措，影响甚至决定着接班人问题，影响甚至决定着国家的长治久安，影响甚至决定着民族复兴和国家崛起。要紧紧抓住教师队伍"主力军"、课程建设"主战场"、课堂教学"主渠道",让所有高校、所有教师、所有课程都承担好育人责任,守好一段渠、种好责任田,使各类课程与思政课程同向同行,将显性教育和隐性教育相统一,形成协同效应,构建全员全程全方位育人大格局。

深化职业理想和职业道德教育。教育引导学生深刻理解并自觉实践各行业的职业精神和职业规范,增强职业责任感,培养遵纪守法、爱岗敬业、无私奉献、诚实守信、公道办事、开拓创新的职业品格和行为习惯。

理学、工学类专业要在课程教学中把马克思主义立场观点方法的教育与科学精神的培养结合起来,提高学生正确认识问题、分析问题和解决问题的能力。理学类专业课程,要注重科学思维方法的训练和科学伦理的教育,培养学生探索未知、追求真理、勇攀科学高峰的责任感和使命感。工学类专业课程,要注重强化学生工程伦理教育,培养学生精益求精的大国工匠精神,激发学生科技报国的家国情怀和使命担当。

1.4.2 对于工科大学生进行工程伦理教育是目前社会发展的需求

当今社会的工程活动早已突破了以往工程活动中存在的种种局限性,拥有了更加广阔的发展空间。它不仅涉及科学技术应用于生产的实践活动中,同时在工程决策、实施和运行管理中也会不可避免地涉及政治、文化、法律以及生态环境等方面的问题。现代工程是为人类服务的,而在工程建造中工程师起着决定性的作用。作为现代社会的工程师,不仅要掌握丰富的专业理论知识,更要具备专业的工程伦理素养,才能建设出好的工程。对工科大学生来说,在其还没进入社会时进行全面工程伦理素质培养将对其一生产生重要影响,一旦进入社会,因为其所处的社会地位和人际关系交往等原因制约,在面对工程问题的时候往往就较难协调过来。工科大学生作为未来工程师的储备军,更应该重视其在大学期间的工程伦理教育。但现今我国高校往往过于重视学生专业理论知识的培养,而忽视学生工程伦理素养的提升,以至于工科大学生工程伦理意识淡薄,对于工程建设中所产生的很多社会和环境等问题不能从伦理道德层面去考虑,因此,提高工科大学生工程伦理素养对促进高等工程教育的改革与创新,对于人类的工程实践活动具有重要意义。

1.4.3 加强工程伦理教育在提高工科类大学生工程伦理素质中起着至关重要的作用

一个人的整体素质并不是某种单独的因素起着作用,而是由多种因素相辅相成、共同作用的结果,伦理道德素质则是众多因素中极其重要的一方面。社会的迅速发展,逐渐形成一种多元化的格局,对当代大学生在工程实践活动中的伦理品质和伦理行为方面也提出了更高的要求。因此,对大学生进行伦理道德方面的教育和引导也是十分必要的。社会在进步,教育的方式和手段也应该与时俱进,只有不断更新教学体系才能跟上时代的步伐,顺应时代的发展,全面提高大学生的综合素质。对工科类大学生来说,工程伦理教育则是一种非常必要的方法和过程。工程伦理教育会涉及多个学科,在专业理论知识的学习中渗透进工程伦理教育,所以大学生毕业后在工程实践活动中,在从工程设计到实施再到评估和验收各个环节中,能够自觉地接受工程伦理规范和标准的制约,专业素养不是唯一的评定标准,社会责任感和工程伦理素质也成了衡量标准。这种专业理论知识的学习和工程伦理教育相结合的教育方式有着生动的说服力,能达到比较好的教学效果,因此也更容易达成大学生的伦理道德行为准则和伦理道德信仰的建立。所以,强化工程伦理教育的重要性,是造就未来高素质人才需要的途径,是工科类大学生伦理道德素质提升的必要环节。

工程实践活动在伦理规范之内直接影响着工程质量及其各方面利益。"豆腐渣"工程等现象的发生在一定程度上拉低了工程实践的社会评价,正是因为人类没有深刻意识到工程伦理规范的重要性,工程界没有完善的伦理规范,以致工程活动的实践者在工程建设中一味追求利益而导致了相应的事故。因此,只有我国加强工程伦理规范建设,并将工程伦理规范教育模式渗透到大学生的专业教育当中,才能使理工科院校工程专业可持续发展下去。

【案例】广东省住房和城乡建设厅关于广州"3·25"较大坍塌事故情况的通报

各地级以上市及顺德区住房与城乡建设主管部门:

2017年3月25日8时许,位于广州市从化区鳌头镇潭口村地段的从化固体废弃物综合处理中心(广州市第七资源热力电厂)项目发生一起天面施工作业平台坍塌事件,造成9人死亡,2人受伤。事故发生后,省住房城乡建设厅高度重视,立即派出由华宏敏副巡视员带队组成的检查组,于事故当天中午赶赴现场查勘并跟踪落实有关应急救援和事故处理工作。现将有关情况通报如下:

一、项目概况

从化固体废弃物综合处理中心(广州市第七资源热力电厂)是省、市重点项目。该项目建设单位是广州环投从化环保能源有限公司,项目代表孟某某。施工单位是广州某某市政集团有限公司,项目负责人姚某某,安全员程某某、陈某某、余某某。钢结构分包单位是广东电白建设集团有限公司。监理单位是广州市市政工程监理有限公司。注册项目总监贺某某。勘察单位是深圳地质建设工程公司,设计单位是广东省建筑设计研究院。该项目建设规模为地上3层(部分1~2层)/地下1层/13幢;建筑面积为29928.17平方米;金额为12708.03万元,主要采用钢筋混凝土及钢屋面结构。目前,已完成工程总量约80%。

二、事故经过

3月25日上午8时许,11名施工作业人员在自制施工作业平台上开始进行垃圾储坑上方的顶棚屋面板安装施工,工人开始施工后正遇小雨,作业人员为了避雨,集中到施工平台的一处,施工作业平台失稳坍塌,平台上的11名作业人员连同平台结构材料从40多米高处坠落,造成9人死亡,2人受伤。事故发生后,省、区、市有关部门立即组织开展救援工作,全力做好伤员救治。

三、原因初步分析

经初步了解,事发施工作业平台采用的是五组立式钢制桁架梁作为支撑,桁架梁两边采用无可靠固定的半圆形结构直接放置在两侧屋顶钢管横梁上,再用竹排搭放在五组桁架梁上。由于桁架梁与横梁间的固定仅靠小铁丝绑扎,桁架梁刚度也不够,竹排与桁架梁间的固定不牢固,造成整个施工作业平台刚度极低。3月25日上午8时许,作业人员为了避雨,解开安全带,集中到施工平台的一处,导致该施工作业平台局部荷载过大,失稳引起坍塌,平台上的11名作业人员连同平台结构材料从44米高处坠落,9人死亡,2人被送往医院抢救。

　　四、事故的教训

　　事故暴露出以下突出问题:一是作为危险性极高的高处作业屋顶面板搭建工作,没有制定专项施工方案。二是施工平台既没有相应的施工方案也没有任何审批手续。三是桁架梁及其用于固定的半圆形卡套是临时焊接的,承载力不足。四是事发当日施工作业没有进行安全技术交底,现场监理管理缺失。五是违规冒险作业,没有严格管控高处作业人员的数量,施工平台平时通常只有 6 人作业,但事发时聚集了 11 人;作业人员安全意识淡薄,为避雨违规解开安全带。六是建设施工现场安全管理混乱,施工现场脚手架、起重机械等也存在隐患问题,建设、施工、监理单位安全生产管理责任不落实,尤其是建设、施工单位作为广州市市属国有企业,没有带头依法履行企业安全生产主体责任,安全生产严重失管漏管、责任严重缺失。

广东省住房和城乡建设厅

2017 年 4 月 10 日

　　(摘自:广东省住房和城乡建设厅网站,http://zfcxjst.gd.gov.cn/xxgk/wjtz/content/post_1391665.html,有部分删减)

　　案例思考:作为理工科学生,特别是建设工程类专业的高校大学生,在校期间,除了要学习扎实的专业知识外,有没有必要强化工程伦理教育、培养大国工匠精神,从而培养学生的社会责任感和使命感?

1.5　案例分析

混凝土不达标,多栋楼拆除重建! 住建部对施工总包予以资质降级处罚!

(建督罚字〔2021〕40 号)

天津某某总承包有限公司:

　　2017 年 3 月 24 日,原天津市建委所属市质安总队在对河西区监管的建设项目开复工抽查中发现,某某项目 10 号楼混凝土强度未达到设计要求。天津市建筑设计院和天津大学建筑设计研究院依据复核验算混凝土强度取值和原施工图设计文件计算模型,逐栋逐层逐部位逐节点对已施工的 1-19 号楼、19A 号楼和地下车库进行了结构安全验算。根据设计复核及专家组论证意见,依据施工图设计文件、施工合同等相关资料和目前已完工部位,从技术角度认为需拆除的栋号为 1 号楼、2 号楼、5 号楼、10 号楼、19 号楼、19A 号楼地面以上建筑,不含地下车库。根据《天津市人民政府关于同意某某项目质量事故调查报告的批复》(津政函〔2019〕42 号)认定,该事故是一起重大工程质量事故。

　　你单位作为施工总承包单位,将企业资质出借给自然人,未履行企业质量管理责任;未按照国家有关建筑工程质量施工规范和标准施工,存在混凝土施工期间随意加水、养护不到位及混凝土强度检验造假等问题;工程质量控制资料不真实,与工程进度不同步;不执行建设行政主管部门下达的停工令,导致施工单位的质量管理体系失控。

　　我部于 2021 年 3 月 11 日向你单位发出《住房和城乡建设部行政处罚意见告知书》

（建督罚告字〔2021〕10 号），你单位于 2021 年 3 月 25 日签收，未在规定时间内提出书面陈述（申辩）或听证申请。

根据《建设工程质量管理条例》第六十一条规定，我部决定给予你单位建筑工程施工总承包一级资质降为建筑工程施工总承包二级资质的行政处罚。

如对本处罚决定不服，你单位可自收到本处罚决定书之日起 60 日内向我部申请行政复议或 6 个月内向人民法院提起行政诉讼。

住房和城乡建设部

2021 年 6 月 25 日

事件始末：

当 2016 年入市时，某某房地产项目一度成为天津梅江板块最吸引眼球的楼盘，但 2018 年爆出的质量问题让某某项目陷入漩涡。

在 2017 年 5 月天津市质安监管总队开展的专项检查活动中，在存在较多质量安全问题的项目中，某某项目排在第一位，相关单位被全市通报批评。

2018 年 4 月，一份传播甚广的内部文件显示，天房某某项目个别栋号存在混凝土强度不符合设计要求的质量问题。该文件要求不公开，但在相关网站挂出。

据悉，建设楼体的混凝土强度应为 C25，而施工时却使用的是 C15。导致结构强度不够，被天津市住建委点名批评，最终造成 18 栋主体完成的住宅楼，被迫全部拆除重建。

根据天津土地交易中心的出让公告显示，天房某某项目该地块出让土地面积为 84 673.1 平方米，其中居住用地面积 80 473.1 平方米，中小学、幼儿园用地面积 4 200 平方米。地上总建筑面积为 143 800 平方米，其中居住建筑面积不大于 140 800 平方米（含商业金融业建筑面积 41 700 平方米）。

多位建筑界人士向记者表示，类似某某项目这样只是主体完工的情况，建筑成本大概在 2 000 元/平方米。如果以 99 100 平方米的全部住宅建设面积计算，该项目的建设成本约在 2 亿元。某某项目此前已经基本建成，这就意味着全部拆除，天房集团将损失约 2 亿元的建设费用。

值得注意的是，上述预计费用还不包括天房集团给业主的赔偿，如果以 5 万元/平方米的价格，全部住宅都销售完毕来计算，天房集团某某项目总收入约为 49.55 亿元。那么对于业主的赔偿最高则为 2 年 5 个月按月支付的总金额约 4.95 亿元（全部选择等房的情况），最低则为全部一次性赔偿，总计约 2.97 亿元（全部选择退房的情况）。

在某某项目质量问题爆发后，天房集团的主要负责人也相继落马，天房集团开始进入权力更迭阶段。

2018 年 8 月 31 日晚间，天津市人民政府官网发布消息称，天房集团董事长邸某某与总经理熊某某同时被免，原天津市国资委副主任王某某被任命为天房集团新董事长。

10 天后，天房集团旗下上市公司天房发展（600322.SH）发布公告称，该公司董事长熊某某、总经理毛某某因为工作变动原因辞去了相应的职务。

一个多月后，据天津市纪委监委消息：天房集团党委书记、董事长邸某某涉嫌严重违纪违法，目前正在接受纪律审查和监察调查。

2019 年 1 月 7 日，据天津市纪委监委消息：天房集团原党委常委、副总经理张某某涉嫌严重违纪违法,目前正在接受纪律审查和监察调查。

(案例节选自:https://www.163.com/dy/article/GE60B8NM0515APP6.html,有删减)

案例思考:请结合以上案例,试从工程伦理的角度分析事故产生的原因以及对社会造成的影响和后果。作为建设工程从业人员,通过这个案例有何感想?

1.6 小 结

科学技术的不断进步使现代工程活动对人类、社会、环境产生的影响越来越大。工程技术人才是工程活动的灵魂人物,培养适应现代社会需求的工程人才是高等工程教育肩负的责任。

2016年6月,我国高等工程教育正式加入《华盛顿协议》,成为该协议第18个成员国。工程教育专业认证标准对工科毕业生提出了12项毕业要求,包含三方面的内涵:一是"学生能做什么",从学生的专业知识、技能和学以致用等方面对学生提出要求;二是"学生该做什么",反映学生的社会责任、道德价值取向和人文关怀;三是"学生会做什么",反映学生应具备的综合素质和职业发展能力。

我们的高等工程教育不仅要培养学生精湛的专业知识和技能,也要有社会责任感,保护环境,敬畏自然,了解并遵守相关的法律法规。通过专业知识的学习,掌握科学知识与方法,进入某一工程领域成为有用之才;学好专业知识就能出色地干好工作,是很多学生对于未来发展形成的普遍共识;在学生们已有的认知中,工程领域工程师的工作就是要解决"在技术方面怎么做",对工程职业面临"应不应该做""应该怎么做"等涉及职业道德和伦理的问题了解的并不多,对于工程伦理的重要性和必要性了解的也非常有限和模糊,所以对大学生开展系统的工程伦理教育非常有必要且必须。

思考题

1.作为未来的建设工程领域从业人员,请阐述你对工程技术与工程伦理关系的理解,在实际的工程建设活动中,如何处理个人的利益冲突。

2.近年来,全国各地新建精装商品房维权事件多发,主要原因集中在楼盘销售时的承诺与交房时的品质差别较大,比如入户大厅的宽度不够、小区绿化档次降低、精装效果与样板房差距较大、精装材料档次较低等问题。针对此类情况,结合你在现实生活中掌握的具体情况,分析开发商在法律条文、建筑规范、伦理守则方面各有什么缺失。

3.作为建设工程实施的主体,从工程伦理的角度出发,工程师如何处理个体与公司的利益关系、个体与社会公众利益的关系。

4.2016年8月19日,习近平总书记在全国卫生与健康大会上的讲话中指出,绿水青山不仅是金山银山,也是人民群众健康的重要保障。结合现代大型建设工程,分析如何处理建设工程与生态保护、人民群众健康之间的关系。

2 建设工程伦理规范

【引例】2017 年感动中国人物孙家栋事迹

孙家栋院士是我国著名的航天专家,"两弹一星"元勋。作为我国航天事业的奠基人和开拓者之一,他亲身经历了我国航天事业从开创初期到不断发展壮大的奋斗历程,参与、领导了我国第一代战略导弹的研制工作,主持完成了我国第一颗人造地球卫星、第一颗返回式卫星、第一颗静止轨道试验通信卫星等多颗卫星的总体设计工作,先后担任我国月球探测工程(一期)、北斗导航工程的总设计师,为突破我国第一代战略导弹的总体技术,开创发展我国人造卫星总体技术、航天工程管理技术、深空探测和卫星导航技术,做出了系统性、开拓性、创造性的贡献。他领导下所发射的卫星奇迹般地占整个中国航天飞行器的三分之一。2010 年 1 月,在国家科学技术奖励大会上,获得 2009 年度国家最高科学技术奖。

感动中国组委会给予孙家栋的颁奖词:少年勤学,青年担纲,你是国家的栋梁。导弹、卫星,嫦娥,北斗。满天星斗璀璨,写下你的传奇。年过古稀未伏枥,犹向苍穹寄深情。

案例思考:以孙家栋院士的经历为例,试从工程伦理角度分析作为工程技术人员的最高境界是什么。

2.1 工程伦理规范概述

目前,由于我国的工程伦理规范的研究起步较晚,学术界对于工程伦理规范的定义缺乏共识,相关学者从工程伦理的研究方法、研究内容等方面进行了深入的研究,也取得了相应的研究成果,为建设工程行业营造良好的职业伦理环境、规范工程师行为、提升行业职业声望奠定了坚实基础。

伦理规范是从业者借以参照同行公认的模范来校准自己的态度和操守的一系列原则的表述,是大多数专业团体为了增进公众对于工程师的信任与尊重,用来表述本专业价值观和志向的声明,是评价工程行为的标准。

工程伦理规范的目的是帮助从业人员坚持伦理行为的最高标准,践行职业准则,维护职业职责。通常这些准则包括但不限于维护公共利益、施展专业能力、保守商业秘密、妥善处理个人利益、强化社会责任。马丁和辛津格总结出工程伦理规范具有八个方面的重要作用:①服务和保护公众,即鼓励工程师在存在价值争议的决策过程中,从公众利益出发;②指导,即出于管理自己成员的目的,建立行为规范;③激励;④确立共同标准;⑤支持负责任的专业人员;⑥教育和相互理解;⑦制止和处分;⑧促进职业形象,即出于提高公众形象的目的,界定理想的行为。

工程伦理规范集中阐释了工程职业实践所应遵循的共同道德标准,表达出所有的工程师都被要求履行在其伦理准则中载明的、由工程专业协会或社团所倡导并由从业人员认可的工程师道德责任。工程从业人员的自尊自重、自我管理,行业协会的自治和约束,社会公众的监督和影响,都是工程伦理规范的目标范畴。

工程伦理规范的产生方式通常有三种:第一种是根据组织的传统价值来制定,有较长历史传统的组织团体通常采用这种方式;第二种是由组织创办人和重要领袖率先制定,然后被组织成员广泛认可而采用;第三种则是在组织内组建工作小组,由于工作组拟订初稿,然后经过反复讨论、征求意见、修改,甚至扩大范围讨论、征求意见,最后经工作小组汇总意见、修改,在组织内再经一定程序进行研究后定稿。

【案例】《中国建设监理协会会员自律公约》(2020-03-05)
第一章 总则

第一条 为了建立健全我国建设监理行业自律机制,规范工程监理企业经营和监理工程师行为,维护监理市场公平竞争和行业正当权益,保障监理服务质量,促进监理行业健康发展,依据国家有关法律法规和中国建设监理协会章程,制定本公约。

第二条 本公约所称建设工程监理是指工程监理单位受业主委托,根据法律法规、工程建设标准、勘察设计文件及合同,在施工阶段对建设工程质量、造价、进度进行控制,对合同、信息进行管理,对工程建设相关方的关系进行协调,并履行建设工程安全生产管理法定职责的服务活动。

第三条 本公约适用于中国建设监理协会单位会员和个人会员。

第四条 中国建设监理协会行业自律机构,引导地方和行业协会探索建立健全与建设工程监理行业发展相适应的行业自律机制和诚信体系。

第五条 牢固树立新发展理念,积极适应建筑业改革发展形势,以优良的监理服务,不断提升建设工程品质总体水平。

第二章 单位会员

第六条 遵守国家的法律法规和地方性法规及相关政策,依法从业,依规经营,严格执行有关标准规范,公平、独立、诚信、科学地开展监理工作。

第七条 在监理招投标活动中,坚守诚信、公平、竞争,不得弄虚作假,不得超越资质或挂靠承揽监理业务,不得把监理资质转让给其他企业或个人使用,不得转包或接受挂靠的监理业务,自觉抵制违反相关法规及损害行业利益的行为。

第八条 遵守国家和行业管理有关规定,实行有偿服务,与委托方约定服务项目、服务内容、服务质量,确定服务价格,促进优质优价。

第九条 依照有关法规与委托方签订《建设工程监理合同》,不得签订有损国家、集体或他人利益的虚假合同或附加条款,严禁签订阴阳合同。

第十条 执行《建设工程监理规范》,设立项目监理机构,任命总监理工程师,配备监理人员和相关设施,认真履行监理职责,保证监理服务质量。

第十一条 不得与被监理工程的施工单位以及建筑材料、建筑构配件和设备供应单位有隶属关系或者其他利害关系。

第十二条　加强内部管理和教育培训,健全考评体系,恪守《中国建设监理协会单位会员诚信守则》,推进服务创新,塑造监理品牌。

第三章　个人会员

第十三条　遵守法规,按授权开展监理工作,恪守《中国建设监理协会个人会员职业道德行为准则》,依据合同维护有关方面的权益和公共利益。

第十四条　不得转借、出租、伪造、涂改监理工程师注册执业证书及其他相关资信证明。

第十五条　遵守保密规定,履行保密义务,行使保密权利,不泄露保密工程信息。

第十六条　执行监理工作标准,落实监理质量责任,履行国家建设工程安全生产管理法定职责,为建设单位提供专业化、规范化监理服务。

第十七条　落实监理质量安全责任,拒绝在不符合工程质量安全标准或强制性条文要求的建设工程、材料、构配件及设备的验收文件上签字。

第十八条　诚实守信,廉洁执业,不得以权谋私。

第四章　激励与惩戒

第十九条　对遵守本公约的单位会员与个人会员视情激励:

(一)网站、会刊宣传报道;

(二)通报表扬;

(三)优先服务,优先推荐参加有关活动;

(四)记入信用档案。

第二十条　对违反本公约的单位会员与个人会员视情惩戒:

(一)批评教育,书面警告;

(二)通报整改,降低信用等级;

(三)撤销会员资格;

(四)记入信用档案。

第五章　附　则

第二十一条　本公约由中国建设监理协会负责解释。

第二十二条　各团体会员可根据本公约制定实施细则。

第二十三条　非会员监理单位及监理人员可参照执行本公约。

第二十四条　本公约自发布之日起实施。

(摘自:中国建设监理协会,http://www.caec-china.org.cn/zhangcheng/)

案例思考:以《中国建设监理协会会员自律公约》为例,试分析工程伦理规范对从业人员的影响,以及工程伦理规范的产生方式、目的和作用。

2.2 工程伦理规范影响的主体

工程伦理规范影响的主体主要有工程师、工程行业、社会公众、职业协会和社团组织等。这些主体之间既有利益的相关方,也有利益的冲突方,工程伦理规范可以有效地协调、处理相关主体的利益冲突。

2.2.1 工程师

工程师作为行业的具体作业者,其行为对工程和行业都会有较大影响,工程伦理规范对于工程师的影响主要集中在以下几方面:

(1)工程伦理规范能营造良好的职业伦理环境,有助于工程师理解、领悟工程伦理的要义和内涵,使工程师了解应承担的伦理责任,引导和约束工程师按照工程伦理规范对实际工作情况作出有利于公众的正确判断,促使工程师在工作过程中不断成熟、健康成长。

(2)工程伦理规范能够激励伦理行为。工程师的工作不是孤立进行的,总是通过某一组织或平台施展自己的专业技能,一方面,工程伦理规范要求工程师的职业行为受伦理规范的约束;另一方面,工程伦理规范在实施过程中,通过激励引起伦理行为,也逐步塑造了工程师在职业行为方面的典范,激励更多的工程师培养自己良好的个人品质和职业习惯。在鼓励工程师伦理行为的同时,工程伦理规范对工程师的损害公众利益、影响工程质量和安全、有损行业形象及不负责任的行为进行严厉的惩罚,如吊销相关职业资格证书、从组织团体中除名等措施,促使工程师提高自己的洞察力和判断力,注意自己的行为和举止。

(3)工程伦理规范充当了职业人员与社会公众之间的一纸契约,约束和要求工程师时刻进行自我管理并提供高专业技能和服务水平,为国家基本建设服务,为社会公众服务,同时向社会展示出良好的职业风貌。作为回报,工程师能够获得相应的收入和报酬,并赢得社会的认可和尊重。

2.2.2 工程行业

在工程伦理规范的约束下,如果每位工程师都能提升自己的伦理行为,整个工程行业就可以减少违约、腐败等不良行为,提升行业的职业声望,获得社会公众的信任,树立良好的行业形象,促进行业的良性发展和可持续发展。工程伦理规范对于工程行业的影响主要集中在以下几方面:

(1)工程伦理规范表达了工程行业对于伦理的共同义务和集体承诺,即工程行业以社会公众利益为首位,承担相应的社会责任,进行有效的自我管理和约束,展示行业的良好形象。如《中国建设监理协会章程》,向社会公开承诺遵守社会道德、职业道德,引导会员遵循"守法、诚信、公正、科学"的职业准则,促进建设工程监理事业的健康发展,践行社会主义核心价值观,遵守社会道德风尚。

(2)工程伦理规范可以被视为纪律性规范或"惩罚性"规范,用来对成员实施某种行为规制。目前,我国的建筑业协会、建设监理协会、建筑节能协会、土木工程学会等组织,虽然不具有强制性的行政管理权力,但对志愿加入组织的成员却有普遍的约束力,协会组织可依据工程伦理按照组织公约进行评先评优以激励优秀成员,通过取消会员资格或吊销相关证书资格以鞭挞落后者,从而使全体会员或行业向有社会担当、重视公众利益、能自我约束自我管理方面发展。

2.2.3 社会公众

随着社会的发展和对工程伦理规范的深入研究,工程伦理规范越来越着眼于社会公众整体利益,更加注重工程对环境、社会公共利益的影响。工程伦理规范对社会公众的影响主要集中在以下几方面:

(1)由于工程伦理规范对工程师和行业的影响,工程师和行业更加关注社会公众利益,进一步提高社会服务标准,使公众享受到更多的社会福利和优越感,提升了生活质量和幸福满意度。

(2)工程伦理规范提升了社会公众的知情权,增进了社会公众参与重大工程决策的意识和能力,促进了工程行业的良性发展,提升了工程行业的社会公信力。

(3)工程伦理规范与社会公众的相互影响,有助于工程师职业价值的实现和工程行业伦理道德的提升,促进社会的和谐发展。

2.2.4 职业协会和社团组织

随着社会公众对工程行业的要求越来越高,以及市场竞争越来越激烈,工程师自发地进行自我约束和管理,职业协会和社团组织应运而生,它们为工程师提供了施展舞台和竞争平台,同时对工程师进行相应的约束和管理。工程职业协会和社团组织的力量,有助于工程伦理规范能够真正发挥实效,具有以下功能:

第一,诠释规范条文。大多数工程伦理规范是由社团组织按一定程序制定的,对相应的工程伦理规范有解释权,当伦理规范应用到实际职业活动中有争议时,工程社团应当对此进行公开解释,使工程师和社会公共对伦理规范有更清楚的认识。

第二,表彰、激励先进。当工程师遵守伦理规范并作出表率时,表现优秀,应当获得通报表扬、优先服务、记入信用档案等形式的奖励和认可,以形成示范作用,带动整个组织的良性发展。

第三,独立或协助开展调查工作。若工程师确实存在违背伦理规范、损害职业声誉的行为,工程职业社团必须对其采取惩罚措施,必要时可以诉诸法律。此时,工程职业社团独立开展调查工作,也可以协助有关部门开展调查工作,以便取得事实依据,客观公正地对工程师进行依规处理。

第四,适时修订完善伦理规范。工程伦理规范也要与时俱进,彰显时代特色和先进性,当实际工程活动中出现新情况、新问题时,工程社团必须及时将契合发展需求的新观念、新要求适时修订完善工程伦理规范。

第五,提供相关救助。当工程师在实际工程活动中,遇到职业伦理困境时,社团组织可以给予解释、鼓励等帮助,当工程量遇到不公正对待时,社团组织可以成为其坚强后盾,提供社会救助力量,维护工程师的个人利益。

第六，开展、资助相关的研究工作。理论研究能更好地指导工程实践，社团组织可以引导、组织、开展一系列的伦理研究，提升工程伦理规范的科学性、完整性，进一步优化、完善工程伦理规范。

工程伦理规范对职业社团的影响主要集中在以下几方面：

（1）工程职业社团在制定工程师道德行为规范和工程伦理教育方面发挥着重要作用。职业社团不仅促进技术知识的发现和传播，同时肩负着促进职业伦理建设的责任。工程职业社团在规范行业准入、起草伦理准则、执行行为标准、塑造职业形象等方面都发挥着重要作用。

（2）工程职业社团在制定和修改职业道德规范的同时，也给予在伦理上作出表率行为的工程师以奖励，帮助工程师解决现实中的道德困境。

（3）工程职业社团还对不负责任的工程师进行惩罚，约束不负责任的工程师，通过批评教育、书面警告、通报整改、降低信用等级、撤销会员资格、记入信用档案、吊销执业资格等手段，让不负道德责任的工程师在工程界难以立足。

1913年詹天佑创立的中华工程师学会，在华人世界率先倡导"发达工程事业，傅得利用厚生，增进社会之幸福"。其后，詹天佑寄望工程师能够"精研学术以资发明""崇尚道德而高人格""循序以进，毋越范围""筹划须详，临事以慎"，在业务、道德、守规和处世四个方面齐头并进。

1931年成立的中国工程师学会，是当时国内唯一的综合性工程学术团体，共有15个下属组织。"为恢复我国固有道德"而"参照他国先例"，中国工程师学会开始着手制定工程伦理规范。1933年，中国工程师学会在年会上讨论通过了中国第一部工程伦理规范《中国工程师学会信守规条》，设立6条准则如下：①不得放弃责任或不忠于职务；②不得授受非分之报酬；③不得有倾轧、排挤同行之行为；④不得直接或间接损害同行之名誉及其业务；⑤不得以卑劣之手段，竞争业务或位置；⑥不得做虚伪宣传或其他有损职业尊严之举动。6条准则中有4条事关工程师对同行的责任，这是针对当时新出现的工程师群体而提出，带有明显的同行自律性质。从其内涵看，这份工程师信条与当时其他行业公会的职业伦理信条并无不同之处，反映出正在形成中的中国工程师职业群体还没有清楚意识到自身与其他职业群的区别。

1941年，中国工程师学会将《中国工程师学会信守规条》改名为《中国工程师信条》，减少了有关成员个人行为规范的条款，强调维护国家与民族的利益。修订后的8条准则如下：①遵从国家之国防经济建设政策，实现国父实业计划；②认识国家民族之利益高于一切，愿牺牲自由贡献能力；③促进国家工业化，力谋主要物质之自给；④推行工业标准化，配合国防民生之需求；⑤不慕虚名，不为物诱，维持职业尊严，遵守服务道德；⑥实事求是，精益求精，努力独立创造，注重集体成就；⑦勇于任事，忠于职守，更须有互助、亲爱精诚之合作精神；⑧严以律己，恕以待人，并养成整洁、朴素、迅速、确实之生活习惯。这次修改契合抗战背景，为全面抗日而团结工程技术人员以及推进企业技术发展创造了良好的基础，明确要求工程师要牺牲个人利益，顾全国家利益，时时刻刻准备为国家的国防和军事建设贡献全部力量。

为促进行业持续健康发展，营造良好的伦理环境，建设工程行业成立了多个社团组织,主要有中国建设业协会、中国建设监理协会、中国勘察设计协会、中国城市规划协会、中国城镇供热协会、中国建设教育协会、中国土木工程学会、中国房地产研究会等,我国诸多工程协会、学会都提出自己的伦理规范。中国建设监理协会建立有《中国建设监理协会会员信用评估标准(试行)》《中国建设监理协会会员信用管理办法》《中国建设监理协会会员信用管理办法实施意见》《中国建设监理协会会员自律公约》《中国建设监理协会单位会员诚信守则》《中国建设监理协会个人会员职业道德行为准则》《中国建设监理协会章程》等。

【案例】中国建设监理协会章程(2021 年 3 月 17 日修订) (节选)

第一章　总　则

第一条　本会名称:中国建设监理协会(以下简称本会),英文名称:China Association of Engineering Consultants,缩写:CAEC。本会是由在中华人民共和国境内注册、从事建设工程监理与项目管理业务相关单位和个人自愿结成的全国性、行业性、非营利性社会组织。

本会会员分布和活动地域为全国。

第二条　本会的宗旨是:坚持以马克思列宁主义、毛泽东思想、邓小平理论、"三个代表"重要思想、科学发展观、习近平新时代中国特色社会主义思想为指导,为政府、行业和会员提供服务,沟通会员与政府、社会的联系,恪守"公平、独立、诚信、科学"的职业准则,保障工程质量,提高投资效益,推进工程监理与项目管理行业创新发展,为国民经济建设做出应有贡献。

本会遵守宪法、法律、法规和国家政策,践行社会主义核心价值观,弘扬爱国主义精神,遵守社会道德风尚,自觉加强诚信自律建设。

第三条　本会坚持中国共产党的全面领导,根据《中国共产党章程》的规定,设立中国共产党的组织,开展党的活动,为党组织的活动提供必要条件。

本会的登记管理机关是中华人民共和国民政部,党建领导机关是中央和国家机关工作委员会。

本会接受登记管理机关、党建领导机关、有关行业管理部门的业务指导和监督管理。

第四条　本会负责人包括会长、副会长、秘书长。

第五条　本会的驻所设在北京市。

本会的网址:http://www.caec-china.org.cn/

第二章　业务范围

第六条　本会的业务范围是:

(一)组织研究工程监理与项目管理的理论、政策;

(二)组织编制建设工程监理与项目管理工作标准、规范和规程;

(三)开展行业调研,分析行业动态,发布行业形势报告,向政府有关部门提供情况和建议,协助住房和城乡建设部制定工程监理与项目管理法规和行业发展规划;

(四)加强工程监理行业诚信体系建设,完善行业约束与惩戒机制,发布团体标准,开展会员信用评估等工作;

（五）维护会员合法权益，反映会员诉求，向政府有关部门反映会员的意见和建议，协助政府部门研究和制定有利于行业和企业发展的方针政策；

（六）开展行业人才培训、业务交流、先进经验推介，提供政策咨询与法律援助，协助会员开拓国内外工程监理与项目管理业务；

（七）依照有关规定，组织编写、发行建设工程监理与项目管理教材、书刊、资料及相关的音像资料，免费为个人会员提供网络业务学习，开发、推广工程监理与项目管理应用软件；

（八）依照有关规定，主编《中国建设监理与咨询》期刊，主办协会网站和建设监理与咨询微信公众平台，经政府有关部门批准，以交流、展览、展示等多种方式，宣传工程监理，为会员提供信息服务；

（九）加强与国外同行业组织的联系，组织会员赴外考察工程管理及相关业务，探讨国际交流与合作；

（十）依照有关规定，举办研讨会、论坛等活动，引导企业开展信息化管理、智慧化服务；

（十一）完成政府委托的有关建设工程监理行业方面的工作；

（十二）依法开展经营性活动。

业务范围中属于法律法规规章规定须经批准的事项，依法经批准后开展。

第三章　会　员

第七条　本会的会员为单位会员、个人会员。

第八条　拥护本会章程，符合下列条件的，可以自愿申请加入本会：

（一）有加入本会的意愿；

（二）拥护本会章程，履行章程规定的义务，愿意参加本会活动，有良好的社会信誉；

（三）凡在中华人民共和国境内依法登记的省、自治区、直辖市、副省级城市的建设监理协会，以及相关的行业协会，以及凡在中华人民共和国境内依法注册、从事工程监理与项目管理业务并取得相应资质等级证书的企业，可以申请成为单位会员；

（四）已取得注册监理工程师注册执业证书或具有教授、副教授、研究员、副研究员、高级工程师资格的内地居民，可以申请成为个人会员。

第九条　会员入会的程序是：

（一）提交入会申请书；

（二）提交有关证明材料，包括：

1.单位简介、个人简历和相关证书；

2.企业、个人信用信息。

（三）由理事会或常务理事会讨论通过；

（四）由本会颁发会员证，并予以公告。

第十条　会员享有下列权利：

（一）选举权、被选举权和表决权；

（二）对本会工作的知情权、建议权和监督权；

（三）参加本会活动并获得本会服务的优先权；

(四)通过本会对行业共同关心的问题开展调查研究,向政府有关部门提出政策性意见的建议权;

(五)入会自愿,退会自由。

第十一条 会员履行下列义务:

(一)遵守本会的章程和各项规定;

(二)执行本会的决议;

(三)按规定缴纳会费;

(四)维护本会的合法权益;

(五)向本会反映情况,提供有关资料和信息;

(六)完成本会交办的工作。

第十二条 会员如有违反法律法规和本会章程的行为,经理事会或常务理事会表决通过,给予下列处分:

(一)约谈;

(二)警告;

(三)通报批评;

(四)暂停行使会员权利;

(五)除名。

第十三条 会员退会须书面通知本会并交回会员证书。

第十四条 会员有下列情形之一的,自动丧失会员资格:

(一)2年不按规定缴纳会费;

(二)2年不按要求参加本会活动;

(三)不再符合会员条件;

(四)丧失民事行为能力,企业被吊销企业资质;

(五)个人会员被剥夺政治权利、被行政主管部门撤销注册证书。

第十五条 会员退会、自动丧失会员资格或者被除名后,其在本会相应的职务、权利、义务自动终止。

第十六条 本会置备会员名册,对会员情况进行记载。会员情况发生变动的,应及时修改会员名册,并向会员公告。

第四章 组织机构
第一节 会员代表大会

第十七条 会员代表大会是本会的最高权力机构,其职权是:

(一)制定和修改章程;

(二)决定本会的工作目标和发展规划;

(三)制定和修改会员代表、理事、常务理事、负责人产生办法,报党建领导机关备案;

(四)选举和罢免理事、监事;

(五)制定和修改会费标准;

(六)审议理事会的工作报告和财务报告;

(七)审议监事会的工作报告;

（八）决定名称变更事宜；

（九）决定终止事宜；

（十）决定其他重大事宜。

第十八条 会员代表大会每届5年，每5年召开1次。因特殊情况需提前或者延期换届的，须由理事会表决通过，经党建领导机关审核同意后，报登记管理机关批准。延期换届最长不超过1年。

本会召开会员代表大会，须提前15日将会议的议题通知会员代表。

会员代表大会应当采用现场表决方式。

第十九条 经理事会或本会70%以上的会员代表提议，应当召开临时会员代表大会。

临时会员代表大会由会长主持。会长不主持或不能主持的，由提议的理事会或会员代表推荐本会一名负责人主持。

第二十条 会员代表大会须有2/3以上的会员代表出席方能召开，决议事项符合下列条件方能生效：

（一）制定和修改章程，决定本会终止，须经到会会员代表2/3以上表决通过；

（二）选举理事，当选理事得票数不得低于到会会员代表的1/2；

罢免理事，须经到会会员代表1/2以上投票通过；

（三）制定或修改会费标准，须经到会会员代表1/2以上无记名投票方式表决；

（四）其他决议，须经到会会员代表1/2以上表决通过。

第二节 理事会

第二十一条 理事会是会员代表大会的执行机构，在会员代表大会闭会期间领导本会开展工作，对会员代表大会负责。

理事人数最多不得超过376人，不能来自同一会员单位。

本会理事应当符合以下条件：

（一）坚持中国共产党领导，坚决执行党的路线、方针、政策；

（二）关心行业建设，热心协会工作，有精力、有能力参与处理协会事务；

（三）在工程监理与相关服务领域有突出成就或贡献；

（四）未受过剥夺政治权利的刑事处罚，具有完全民事行为能力；

（五）无法律法规、国家政策规定不得担任的其他情形。

第二十二条 理事的选举和罢免：

（一）第一届理事由发起人商申请成立时的会员共同提名，报党建领导机关同意后，会员代表大会选举产生；

（二）理事会换届，应当在会员代表大会召开前3个月，由理事会提名，成立由理事代表、监事代表、党组织代表和会员代表组成的换届工作领导小组；

理事会不能召集的，由1/5以上理事、监事会、本会党组织或党建联络员向党建领导机关申请，由党建领导机关组织成立换届工作领导小组，负责换届选举工作；

换届工作领导小组拟定换届方案，应在会员代表大会召开前2个月，报党建领导机关审核；

经党建领导机关同意,召开会员代表大会,选举和罢免理事;

(三)根据会员代表大会的授权,理事会在届中可以增补、罢免部分理事,最高不超过原理事总数的1/5。

第二十三条 每个理事单位只能选派一名代表担任理事。单位调整理事代表,由其书面通知本会,报理事会或者常务理事会备案。该单位同时为常务理事的,其代表一并调整。

第二十四条 理事的权利是:

(一)理事会的选举权、被选举权和表决权;

(二)对本会工作情况、财务情况、重大事项的知情权、建议权和监督权;

(三)参与制定内部管理制度,提出意见建议;

(四)向会长或理事会提出召开临时会议的建议权。

第二十五条 理事应当遵守法律、法规和本章程的规定,忠实履行职责、维护本会利益,并履行以下义务:

(一)出席理事会会议,执行理事会决议;

(二)在职责范围内行使权利,不越权;

(三)不利用理事职权谋取不正当利益;

(四)不从事损害本会合法利益的活动;

(五)不得泄露在任职期间所获得的涉及本会的保密信息,但法律、法规另有规定的除外;

(六)谨慎、认真、勤勉、独立行使被合法赋予的权利;

(七)接受监事对其履行职责的合法监督和合理建议。

第二十六条 理事会的职权是:

(一)执行会员代表大会的决议;

(二)选举和罢免常务理事、负责人;

(三)筹备召开会员代表大会,负责换届选举工作;

(四)向会员代表大会报告工作和财务状况;

(五)决定设立、变更和终止分支机构、代表机构、办事机构和其他所属机构;

(六)决定副秘书长、各所属机构主要负责人的人选;

(七)领导本会各所属机构开展工作;

(八)审议年度工作报告和工作计划;

(九)审议年度财务预算、决算;

(十)制定信息公开办法、分支机构管理办法等重要的管理制度;

(十一)决定本会负责人和工作人员的考核及薪酬管理办法;

(十二)决定其他重大事项。

第二十七条 理事会与会员代表大会任期相同,与会员代表大会同时换届。

第二十八条 理事会会议须有2/3以上理事出席方能召开,其决议须经到会理事2/3以上表决通过方能生效。

理事3次不出席理事会会议,自动丧失理事资格。

第二十九条 常务理事由理事会采取无记名投票方式从理事中选举产生。

负责人由理事会采取无记名投票方式从常务理事中选举产生。

罢免常务理事、负责人,须经到会理事2/3以上投票通过。

第三十条 选举常务理事、负责人,按得票数确定当选人员,但当选的得票数不得低于总票数的2/3。

第三十一条 理事会每年至少召开1次会议,情况特殊的,可采用通信形式召开。通信会议不得决定负责人的调整。

第三十二条 经会长或者1/5的理事提议,应当召开临时理事会会议。

会长不能主持临时理事会会议,由提议召集人推举本会一名负责人主持会议。

第三节 常务理事会

第三十三条 本会设立常务理事会。常务理事从理事中选举产生,人数为51人。在理事会闭会期间,常务理事会行使理事会第一、三、五、六、七、八、九、十、十一项的职权,对理事会负责。

常务理事会与理事会任期相同,与理事会同时换届。

常务理事会会议须有2/3以上常务理事出席方能召开,其决议须经到会常务理事2/3以上表决通过方能生效。

常务理事4次不出席常务理事会会议,自动丧失常务理事资格。

第三十四条 常务理事会至少每6个月召开1次会议,情况特殊的,可采用通信形式召开。

第三十五条 经会长或1/3以上的常务理事提议,应当召开临时常务理事会会议。

会长不能主持临时常务理事会会议,由提议召集人推举本会1名负责人主持会议。

第四节 负责人

第三十六条 本会负责人包括会长1名,副会长1~22名,秘书长1名。

本会负责人应当具备下列条件:

(一)坚持中国共产党领导,拥护中国特色社会主义,坚决执行党的路线、方针、政策,具备良好的政治素质;

(二)遵纪守法,勤勉尽职,个人社会信用记录良好;

(三)具备相应的专业知识、经验和能力,熟悉行业情况,在本会业务领域有较大影响;

(四)身体健康,能正常履责,年龄不超过70周岁,秘书长为专职;

(五)具有完全民事行为能力;

(六)能够忠实、勤勉履行职责,维护本会和会员的合法权益;

(七)无法律法规、国家政策规定不得担任的其他情形。

会长、秘书长不得兼任其他社会团体的会长、秘书长,会长和秘书长不得由同一人兼任,并不得来自同一会员单位。

第三十七条 本会负责人任期与理事会相同,连任不超过2届,新一届负责人候选人应当于换届前15日向全体会员公示,公示期为7天。

聘任或者向社会公开招聘的秘书长任期不受限制,可不经过民主选举程序。

第三十八条　会长为本会法定代表人。

因特殊情况，经会长推荐、理事会同意，报党建领导机关审核同意并经登记管理机关批准后，可以由副会长或秘书长担任法定代表人。聘任或向社会公开招聘的秘书长不得任本会法定代表人。

法定代表人代表本会签署有关重要文件。

本会法定代表人不兼任其他社团的法定代表人。

第三十九条　担任法定代表人的负责人被罢免或卸任后，不再履行本会法定代表人的职权。由本会在其被罢免或卸任后的 20 日内，报党建领导机关审核同意后，向登记管理机关办理变更登记。

原任法定代表人不予配合办理法定代表人变更登记的，本会可根据理事会同意变更的决议，报党建领导机关审核同意后，向登记管理机关申请变更登记。

第四十条　会长履行下列职责：

（一）召集和主持理事会、常务理事会；

（二）检查会员代表大会、理事会、常务理事会决议的落实情况；

（三）向会员代表大会、理事会、常务理事会报告工作；

会长应每年向理事会进行述职。不能履行职责时，由其委托或理事会或常务理事会推选一名副会长代为履行职责。

第四十一条　本会设立会长办公会，行使以下职权：

（一）贯彻会员代表大会和理事会、常务理事会决议；

（二）监督本团体各项规章制度以及年度工作计划和年度预算的实施；

（三）向理事会或常务理事会提出建议议题。

会长办公会由会长、副会长和秘书长组成，会长办公会由会长决定召开，须有 2/3 以上组成人员出席方能召开，其决议须经到会人员 2/3 以上表决通过方为有效。

第四十二条　副会长、秘书长协助会长开展工作。秘书长行使下列职责：

（一）协调各机构开展工作；

（二）主持办事机构开展日常工作；

（三）提名副秘书长及所属机构主要负责人，交理事会或者常务理事会决定；

（四）决定专职工作人员的聘用；

（五）拟订年度工作报告和工作计划，报理事会或常务理事会审议；

（六）拟订年度财务预算、决算报告，报理事会或常务理事会审议；

（七）拟订内部管理制度，报理事会或常务理事会批准；

（八）处理其他日常事务。

第四十三条　会员代表大会、理事会、常务理事会会议应当制作会议纪要。形成决议的，应当制作书面决议，并由出席会议成员核签。会议纪要、会议决议应当以适当方式向会员通报或备查，并至少保存 10 年。

理事、常务理事、负责人的选举结果须在 20 日内报党建领导机关审核，经同意，向登记管理机关备案并向会员通报或备查。

第五节 监事会

第四十四条 本会设立监事会,监事任期与理事任期相同,期满可以连任。监事会由 3 名监事组成。监事会设监事长 1 名,监事 2 名,监事长由监事会推举产生。监事长年龄不超过 70 周岁,连任不超过 2 届。

本会接受并支持委派监事的监督指导。

第四十五条 监事的选举和罢免:

(一)由会员代表大会选举产生;

(二)监事的罢免依照其产生程序。

第四十六条 本会的负责人、理事、常务理事和本会的财务管理人员不得兼任监事。

第四十七条 监事会行使下列职权:

(一)列席理事会、常务理事会会议,并对决议事项提出质询或建议;

(二)对理事、常务理事、负责人执行本会职务的行为进行监督,对严重违反本会章程或会员代表大会决议的人员提出罢免建议;

(三)检查本会的财务报告,向会员代表大会报告监事会的工作和提出提案;

(四)对负责人、理事、常务理事、财务管理人员损害本会利益的行为,要求其及时予以纠正;

(五)向党建领导机关、行业管理部门、登记管理机关以及税务、会计主管部门反映本会工作中存在的问题;

(六)决定其他应由监事会审议的事项。

监事会每 6 个月至少召开 1 次会议。监事会会议须有 2/3 以上监事出席方能召开,其决议须经到会监事 1/2 以上通过方为有效。

第四十八条 监事应当遵守有关法律法规和本会章程,忠实、勤勉履行职责。

第四十九条 监事会可以对本会开展活动情况进行调查;必要时,可以聘请会计师事务所等协助其工作。监事会行使职权所必需的费用,由本会承担。

第六节 分支机构、代表机构

第五十条 本会在本章程规定的宗旨和业务范围内,根据工作需要设立分支机构、代表机构。本会的分支机构、代表机构是本会的组成部分,不具有法人资格,不得另行制定章程,不得发放任何形式的登记证书,在本会授权的范围内开展活动、发展会员,法律责任由本会承担。

分支机构、代表机构开展活动,应当使用冠有本会名称的规范全称,并不得超出本会的业务范围。

第五十一条 本会不设立地域性分支机构,不在分支机构、代表机构下再设立分支机构、代表机构。

第五十二条 本会的分支机构、代表机构名称不以各类法人组织的名称命名,不在名称中冠以"中国""中华""全国""国家"等字样,并以"分会""专业委员会""工作委员会""专项基金管理委员会""代表处""办事处"等字样结束。

第五十三条 分支机构、代表机构的负责人,年龄不得超过 70 周岁,连任不超过 2 届。

第五十四条　分支机构、代表机构的财务必须纳入本会法定账户统一管理。

第五十五条　本会在年度工作报告中将分支机构、代表机构的有关情况报送登记管理机关。同时,将有关信息及时向社会公开,自觉接受社会监督。

第七节　内部管理制度和矛盾解决机制

第五十六条　本会建立各项内部管理制度,完善相关管理规程。建立《会员管理办法》《会费管理办法》《分支机构管理办法》等相关制度和文件。

第五十七条　本会建立健全证书、印章、档案、文件等内部管理制度,并将以上物品和资料妥善保管于本会场所,任何单位、个人不得非法侵占。管理人员调动工作或者离职时,必须与接管人员办清交接手续。

第五十八条　本会证书、印章遗失时,经理事会2/3以上理事表决通过,在公开发布的报刊上刊登遗失声明,可以向登记管理机关申请重新制发或刻制。如被个人非法侵占,应通过法律途径要求返还。

第五十九条　本会建立民主协商和内部矛盾解决机制。如发生内部矛盾不能经过协商解决的,可以通过调解、诉讼等途径依法解决。

第五章　资产管理、使用原则

第六十条　本会收入来源:

(一)会费;

(二)捐赠;

(三)政府资助;

(四)在核准的业务范围内开展活动、提供服务的收入;

(五)利息;

(六)其他合法收入。

第六十一条　本会按照国家有关规定收取会员会费。

第六十二条　本会的收入除用于与本会有关的、合理的支出外,全部用于本章程规定的业务范围和非营利事业。

第六十三条　本会执行《民间非营利组织会计制度》,建立严格的财务管理制度,保证会计资料合法、真实、准确、完整。

第六十四条　本会配备具有专业资格的会计人员。会计不得兼任出纳。会计人员必须进行会计核算,实行会计监督。会计人员调动工作或者离职时,必须与接管人员办清交接手续。

第六十五条　本会的资产管理必须执行国家规定的财务管理制度,接受会员代表大会和有关部门的监督。资产来源属于国家拨款或者社会捐赠、资助的,必须接受审计机关的监督,并将有关情况以适当方式向社会公布。

第六十六条　本会重大资产配置、处置须经过会员代表大会或理事会或常务理事会审议。

第六十七条　理事会或常务理事会决议违反法律、法规或章程规定,致使本会遭受损失的,参与审议的理事或常务理事应当承担责任。但经证明在表决时反对并记载于会议记录的,该理事或常务理事可免除责任。

第六十八条 本会换届或更换法定代表人之前必须进行财务审计。

法定代表人在任期间,本会发生违反《社会团体登记管理条例》和本章程的行为,法定代表人应当承担相关责任。因法定代表人失职,导致本会发生违法行为或财产损失的,法定代表人应当承担个人责任。

第六十九条 本会的全部资产及其增值为本会所有,任何单位、个人不得侵占、私分和挪用,也不得在会员中分配。

第六章 信息公开与信用承诺

第七十条 本会依据有关政策法规,履行信息公开义务,建立信息公开制度,及时向会员公开年度工作报告、第三方机构出具的报告、会费收支情况以及经理事会研究认为有必要公开的其他信息,及时向社会公开登记事项、章程、组织机构、接受捐赠、信用承诺、政府转移或委托事项、可提供服务事项及运行情况等信息。

本会建立新闻发言人制度,经理事会或常务理事会通过,任命或指定1~2名负责人作为新闻发言人,就本会的重要活动、重大事件或热点问题,通过定期或不定期举行新闻发布会、吹风会、接受采访等形式主动回应社会关切。新闻发布内容应由本会法定代表人或主要负责人审定,确保正确的舆论导向。

第七十一条 本会建立年度报告制度,年度报告内容及时向社会公开,接受公众监督。

第七十二条 本会重点围绕服务内容、服务方式、服务对象和收费标准等建立信用承诺制度,并向社会公开信用承诺内容。

第七章 章程的修改程序

第七十三条 对本会章程的修改,由理事会表决通过,提交会员代表大会审议。

第七十四条 本会修改的章程,经会员代表大会到会会员代表2/3以上表决通过后,报党建领导机关审核,经同意,在30日内报登记管理机关核准。

(摘自:中国建设监理协会,http://www.caec-china.org.cn/zhangcheng/)

案例思考:以《中国建设监理协会章程》为例,试分析工程伦理规范对工程行业社团组织和从业人员的影响,以及工程伦理规范在工程行业社团组织中的作用。

2.3 有效施行工程伦理规范的建议

一部好的工程伦理规范,不仅能够起到"北斗星"的引领功能,更应当担负起"路标"的指引作用,"画出"穿过道德困境的道路。当工程伦理规范不能满足工程实践需要时,宜不断总结,适时修订,逐渐完善,最终使其走向建制化。

2.3.1 严格"自律",强化"他律"

有效实施工程伦理规范,"自律"是基础,"他律"是巩固,由于"自律"是建立在工程师个人自愿的基础上,在实施过程中效果最佳,成本最低,是优先考虑的措施,也是最提倡和鼓励的方法;"他律"是在"自律"效果不佳或达不到要求标准时的补充措施,但在工程伦理规范实施过程中,如果脱离"自律",单一地使用"他律",效果往往不佳。

第一,以道德心理激发自律。要想实现工程师对工程伦理的"自律",首先,工程师要对工程伦理规范中的条款认可、接受,并且以伦理规范中的要求实施工程活动时感到自豪,以此激发自己的事业心和社会责任感,当工程师的伦理行为获得社会公众和社团组织的肯定、奖励后,又能以更高的水准要求自己,提高自身的伦理标准和服务能力;其次,工程师对伦理规范中的要求应该"创造性应用"和"灵活性拓展",以行为的实际效果作为金标准来衡量对工程伦理的"自律"水平。

第二,以工程职业社团强化"他律"。由于工程师对伦理规范的理解能力不同、个人综合素质不同,以及个人的自律性的差异,导致工程伦理规范在每位工程师的行为上体现出不同效果,甚至差别很大,为有效促进工程伦理规范的实施,有必要通过工程职业设立的"他律"来促进工程师的"自律"。

"他律"一方面可以依据现有法律条文规定的禁令来实现,另一方面也可以通过工程伦理教育的手段来实现,通过工程伦理的宣传和教育,培养工程师建构自觉的工程伦理意识,又要指导工程师掌握并理解伦理规范,并作为工程师职业活动的行动指南。

2.3.2　追求"理想",守住"底线"

每个人都向往"理想",并追求自己的理想尽力使其得以顺利实现,但往往理想都是"丰满的",现实都是"骨感的",在工程实践活动中,既要有追求"理想"的勇气和信心,又要有坚守"底线"的骨气和决心。

第一,追求"理想"。工程伦理规范要依据工程实践来制定,同时又要结合社会发展与时俱进,适时完善和修订,力争做到"尽善尽美",避免由于工程伦理规范的不够"理想"而导致工程师"无规可依"。工程师在工程实践中,也要力争使自己的伦理行为尽可能"理想",尽量不能出现败德行为。

第二,守住"底线"。即使工程伦理规范制订得不够"理想",但也要确保道德"底线","底线"可以是法律法规所禁止的行为,也可以是"风俗习惯"的最低标准。工程师在工程实践中,更应该坚守自己的伦理"底线",否则轻者受到社会公众或社团组织的惩罚,重者受到法律的制裁。很多人抱怨"常在河边走,哪能不湿鞋""非自己为之,而不得不为之",最终没有坚守自己的伦理底线,但无数事实证明,外在因素只是影响工程师的伦理"理想",只有自身的信仰和追求才能决定工程伦理的最高"理想",对伦理的追求应该做到"上善若水"。

【案例】上海闵行区在建的"莲花河畔景苑"楼房倾倒事故

上海市召开新闻发布会公布莲花河畔景苑7号楼倾倒事故调查处理情况。

7月28日,在市政府举行的新闻发布会上,市政府"6·27"事故调查组组长、市安全监管局局长谢黎明对"6·27"莲花河畔景苑7号楼倾倒事故调查处理情况做了详细介绍。

6月27日"莲花河畔景苑"7号楼房倾倒事故发生后,市委、市政府高度重视这起事故的调查处理工作,多次听取事故调查进展情况汇报,明确工作要求。事故调查组依据

《安全生产法》《生产安全事故报告和调查处理条例》的相关规定,以事实为依据、以法律为准绳,认真贯彻"四不放过"原则,按照"全过程、全方位、全环节"调查的工作定位,对涉及工程程序及工程行为的21个重要环节,通过现场勘查、技术鉴定、调查取证,认真研究分析。调查组在闵行区20多天,调查询问了293人次,共作了近300份笔录。通过调查分析,查明了事故直接原因、间接原因,认定了事故的性质和责任,提出了对事故责任人的处理意见以及事故防范与整改措施建议。

这起事故在本市实属罕见,社会影响恶劣,性质非常严重,是一起重大责任事故。

事故的直接原因:紧贴7号楼北侧,在短时间内堆土过高,最高处达10米左右;与此同时,紧邻7号楼南侧的地下车库基坑正在开挖,开挖深度4.6米,大楼两侧的压力差使土体产生水平位移,过大的水平力超过了桩基的抗侧能力,导致房屋倾倒。

间接原因主要有6个方面:一是土方堆放不当。在未对天然地基进行承载力计算的情况下,建设单位随意指定将开挖土方短时间内集中堆放于7号楼北侧。二是开挖基坑违反相关规定。土方开挖单位在未经监理方同意、未进行有效监测、不具备相应资质的情况下,也没有按照相关技术要求开挖基坑。三是监理不到位。监理方对建设方、施工方的违法、违规行为未进行有效处置,对施工现场的事故隐患未及时报告。四是管理不到位。建设单位管理混乱,违章指挥,违法指定施工单位,压缩施工工期;总包单位未予以及时制止。五是安全措施不到位。施工方对基坑开挖及土方处置未采取专项防护措施。六是围护桩施工不规范。施工方未严格按照相关要求组织施工,施工速度快于规定的技术标准要求。

通过调查和责任认定,依据有关法律法规,共对6家单位进行处罚。

建设单位梅都房地产公司、总包单位众欣建筑公司,对事故发生负有主要责任;土方开挖单位索途清运公司,对事故发生负有直接责任;基坑围护及桩基工程施工单位胜腾基础公司,对事故发生负有一定责任。依据相关法律法规规定,对上述单位分别给予经济罚款,其中对梅都房地产公司和众欣建筑公司各罚款50万元,对索途清运公司罚款30万元,对胜腾基础公司罚款20万元。对众欣建筑公司建筑施工企业资质证书及安全生产许可证予以吊销。待事故善后处理工作完成后,吊销梅都房地产公司房地产开发企业资质证书。

监理单位光启监理公司,对事故发生负有重要责任,吊销其工程监理资质证书。工程监测单位协力勘察公司对事故发生负有一定责任,予以通报批评处理。

通过调查和责任认定,依据相关法律法规,下列有关责任人员被追究责任。其中有6人被刑事拘留,7人被取保候审。

梅都房地产公司法定代表人张志琴、众欣建筑公司法定代表人张耀杰等7名责任人员,对事故发生负有直接责任,涉嫌重大责任事故罪,被移送司法机关追究刑事责任;光启监理公司法定代表人王金泉、索途清运公司法定代表人王永福等8名责任人员,对事故发生负有相关责任,被处以吊销执业证书、罚款、解除劳动合同等处罚;

闵行区副区长连正华和梅陇镇镇长施宝其、副镇长周亮等公职人员,对辖区内建设工程安全生产工作负有领导责任,分别被给予行政警告、行政记过、行政记大过处分(图2-1)。

(摘自:上海市住房和城乡建设管理委员会网站,http://zjw.sh.gov.cn/gzdt/20180911/0011-5326.html)

图 2-1 上海闵行区在建的"莲花河畔景苑"楼倾倒事故

上海闵行区在建的"莲花河畔景苑"商品房小区一幢 13 层楼房整体倾倒事故,被网友戏称为"楼倒倒"。根据法院判决显示,被告人陆某某挂名担任工程项目经理,实际未从事相应管理工作,但其任由施工方在工程招投标及施工管理中以其名义充任项目经理,默许甚至配合施工方以此应付监管部门的监督管理和检查,致使工程施工脱离专业管理,由此造成施工隐患难以通过监管被发现、制止,因而对本案倒楼事故的发生负有不可推卸的责任!挂靠项目经理陆某某被追究刑事责任,被判有期徒刑三年!

2.4 案例分析

【案例Ⅰ】北京清华附中底板钢筋坍塌事故

案情回顾:

2014 年 12 月 29 日,北京市海淀区清华附中在建体育馆发生坍塌事故,造成 10 人死亡、4 人受伤。北京建工一建工程建设有限公司和创分公司清华附中项目商务经理杨泽中等 15 人因重大责任事故罪被公诉至法院。北京市海淀法院对此案进行了宣判,15 人分别获刑。

经审理查明,北京建工一建工程建设有限公司和创分公司于 2014 年 6 月承建清华附中体育馆及宿舍楼建筑工程过程中,于同年 12 月 29 日,因施工方安阳诚成建筑劳务有限责任公司施工人员违规施工,致使施工基坑内基础底板上层钢筋网坍塌,造成在此作业的多名工人被挤压在上下层钢筋网间,导致 10 人死亡、4 人受伤。

经相关部门事故调查报告显示,导致本次事故发生的主要原因为,未按照施工方案要求堆放物料,施工时违反《钢筋工程施工方案》规定,将整捆钢筋直接堆放在上层钢筋网上,导致马凳立筋失稳,产生过大的水平位移,进而引起立筋上、下焊接处断裂,致使基础底板钢筋整体坍塌;未按照方案要求制作和布置马凳,现场制作的马凳所用钢筋的直径从《钢筋工程施工方案》要求的 32 毫米减小至 25 毫米或 28 毫米;现场马凳布置间距为 0.9

米至 2.1 米,与《钢筋工程施工方案》要求的 1 米严重不符,且布置不均、平均间距过大;马凳立筋上、下端焊接欠饱满。

此次事故等级为重大安全生产事故。社会影响极大,惊动国务院,传播全国,性质十分恶劣。

据事故调查报告显示:叶某某,清华附中工程项目备案项目经理,长期未到岗履行项目经理职责。明知在清华附中工程项目投标时,已被建工一建公司安排至朝阳区望京综合体育馆工程担任项目执行经理,仍未拒绝使用其项目经理资格参与清华附中工程招投标。挂靠项目经理被吊销执业证书,终身不予注册!

案例思考:目前一部分企业缺少一些建设工程行业的注册证书,如注册建造师、注册监理工程师等证书,而企业由于资质升级或工程投标使用,通过一定渠道使用一部分原本不在企业工作的人员证书,有证书人员每年会收到企业支付一定金额的费用,俗称"挂证",甚至有些有证书人员名义担任建设项目的项目经理或总监。请从工程伦理的角度分析,"挂证"现象背后的原因。

【案例Ⅱ】中国建设工程造价管理协会章程(节选)
第一章 总 则

第一条 中国建设工程造价管理协会(简称"中价协",英文名称为 China Cost Engineering Association,缩写为 CCEA)是由工程造价咨询企业、注册造价工程师、工程造价管理单位以及与工程造价相关的建设、设计、施工、教学、软件等领域的资深专家、学者自愿结成的全国性、行业性社会团体,是非营利性社会组织。

本团体会员分布和活动地域为全国。

第二条 本团体的宗旨是:贯彻执行党和政府的有关方针政策,为政府、行业和会员提供服务;秉承公平、公正的原则,维护会员的合法权益,向政府及其有关部门反映工程造价行业和会员的建议及诉求;规范工程造价咨询行业执业行为,引导会员遵守职业准则,推动行业诚信建设。为合理确定和有效控制建设项目工程造价,提高投资效益,在推进经济社会又快又好地持续发展中充分发挥本团体的桥梁和纽带作用。

本团体遵守宪法、法律、法规和国家政策,践行社会主义核心价值观,弘扬爱国主义精神,遵守社会道德风尚,自觉加强诚信自律建设。

第三条 本团体坚持中国共产党的全面领导,根据中国共产党章程的规定,设立中国共产党的组织,开展党的活动,为党组织的活动提供必要条件。

本团体的登记管理机关是中华人民共和国民政部,党建领导机关是中央和国家机关工作委员会。

本团体接受登记管理机关、党建领导机关、有关行业管理部门的业务指导和监督管理。

第四条 本团体负责人包括理事长、副理事长、秘书长。

第五条 本团体的驻所设在北京市。

(本团体的网址:www.ccea.pro)

第二章　业务范围

第六条　本团体的业务范围：

（一）通过协助政府主管部门拟订工程造价咨询行业的规章制度、国家标准。

（二）制定工程造价行业职业道德准则、会员惩戒办法等行规行约，发布工程造价咨询团体标准，建立工程造价行业自律机制，开展信用评价等工作，推动工程造价行业诚信体系建设，引导行业可持续发展。

（三）根据授权开展工程造价行业统计、行业信息和监管平台的建设，进行行业调查研究，分析行业动态，发布行业发展报告。

（四）开展行业人才培训、业务交流、先进经验推介、法律咨询与援助、行业党建和精神文明建设等会员服务。

（五）主编《工程造价管理》期刊，编写工程造价专业继续教育等书籍，主办协会网站，开展行业宣传，为会员提供工程计价信息服务。

（六）建立工程造价纠纷调解机制，充分发挥行业协会在工程造价纠纷调解中的专业性优势，积极化解经济纠纷和社会矛盾，维护建筑市场秩序。

（七）加入相应国际组织，履行相关国际组织成员的职责和义务，开展国际交流与合作。

（八）承接政府及其管理部门授权或者委托的其他事项，开展行业协会宗旨允许的其他业务。

业务范围中属于法律法规规章规定须经批准的事项，依法经批准后开展。

第三章　会　员

第七条　本团体的会员为单位会员和个人会员。

第八条　拥护本团体章程，符合下列条件的，可以自愿申请加入本团体：

（一）有加入本团体的意愿；

（二）履行本团体章程规定的义务，愿意参加本团体活动；

（三）从事工程造价咨询业务，或与工程造价行业相关的各类企事业单位、高等院校及其个人；

（四）支持本团体工作。

第九条　会员入会的程序是：

（一）提交入会申请书；

（二）提交有关证明材料，包括：

1.单位的简介或个人简历等资料；

2.本团体要求的企业或个人的信用信息。

（三）在理事会或常务理事会闭会期间授权秘书处会议讨论通过；

（四）由本团体颁发会员证，并予以公告。

第十条　会员享有下列权利：

（一）选举权、被选举权和表决权；

（二）对本团体工作的知情权、建议权和监督权；

（三）参加本团体活动并获得本团体服务的优先权；

(四)向本团体就企业和行业共同关心的问题开展调查研究,向本团体或通过本团体向政府及有关部门提出政策性意见的建议权;

(五)获得本团体的相应服务及资料;

(六)退会自由。

第十一条 会员履行下列义务:

(一)遵守本团体的章程和各项规定;

(二)执行本团体的决议;

(三)按规定交纳会费;

(四)维护本团体的合法权益;

(五)向本团体反映情况,提供有关资料和信息;

(六)完成本团体交办的其他工作。

第十二条 会员如有违反法律法规和本章程的行为,经理事会或者常务理事会表决通过,给予下列处分:

(一)提醒谈话;

(二)警告,责令检讨;

(三)通报批评;

(四)公开谴责;

(五)暂停行使会员权利;

(六)除名。

第十三条 会员退会须书面通知本团体并交回会员证。

第十四条 会员有下列情形之一的,自动丧失会员资格:

(一)2 年不按规定交纳会费;

(二)2 年不按要求参加本团体活动;

(三)不再符合会员条件;

(四)丧失民事行为能力;

(五)个人会员被剥夺政治权利。

第十五条 会员退会、自动丧失会员资格或者被除名后,其在本团体相应的职务、权利、义务自行终止。

第十六条 本团体置备会员名册,对会员情况进行记载。会员情况发生变动的,应当及时修改会员名册,并向会员公告。

第四章　组织机构
第一节　会员代表大会

第十七条 会员代表大会是本团体的最高权力机构,其职权是:

(一)制定和修改章程;

(二)决定本团体的工作目标和发展规划;

(三)制定和修改理事、常务理事、负责人产生办法,报党建领导机关备案;

(四)选举和罢免理事、监事;

(五)制定和修改会费标准;

(六)审议理事会的工作报告和财务报告;

(七)审议监事会的工作报告;

(八)决定名称变更事宜;

(九)决定终止事宜;

(十)决定其他重大事宜。

第十八条　会员代表大会每届4年,每4年召开1次。因特殊情况需提前或者延期换届的,须由理事会表决通过,经党建领导机关审核同意后,报登记管理机关批准。延期换届最长不超过1年。

本团体召开会员代表大会,须提前15日将会议的议题通知会员代表。

会员代表大会应当采用现场表决方式。

第十九条　经理事会或者本团体70%以上的会员代表提议,应当召开临时会员代表大会。

临时会员代表大会由理事长主持。理事长不主持或不能主持的,由提议的理事会或会员代表推举本团体一名负责人主持。

第二十条　会员代表大会须有2/3以上的会员代表出席方能召开,决议事项符合下列条件方能生效:

(一)制定和修改章程,决定本团体终止,须经到会会员代表2/3以上表决通过;

(二)选举理事,当选理事得票数不得低于到会会员代表的1/2;罢免理事,须经到会会员代表1/2以上投票通过;

(三)制定或修改会费标准,须经到会会员代表1/2以上无记名投票方式表决;

(四)其他决议,须经到会会员代表1/2以上表决通过。

第二节　理事会

第二十一条　理事会是会员代表大会的执行机构,在会员代表大会闭会期间领导本团体开展工作,对会员代表大会负责。

理事人数最多不得超过151人(不得超过会员代表人数的1/3),不能来自同一会员单位。

本团体理事应当符合以下条件:

(一)坚持中国共产党领导,坚决执行党的路线、方针、政策,具备良好的政治素质;

(二)关心行业发展,热心本团体工作,有精力、有能力参与和处理协会事务,在组织或参与本团体活动中表现突出,并符合会员条件的个人或单位代表人;

(三)在工程造价管理及相关领域有突出成就或贡献的会员;

(四)未受过剥夺政治权利的刑事处罚,具有完全民事行为能力;

(五)无法律法规、国家政策规定不得担任的其他情形。

第二十二条　理事的选举和罢免:

(一)理事会换届,应当在会员代表大会召开前3个月,由理事会提名,成立由理事代表、监事代表、党组织代表和会员代表组成的换届工作领导小组;

理事会不能召集的,由1/5以上理事、监事会、本团体党组织或党建联络员向党建领导机关申请,由党建领导机关组织成立换届工作领导小组,负责换届选举工作;

换届工作领导小组拟定换届方案,应在会员代表大会召开前2个月报党建领导机关审核;

经党建领导机关同意,召开会员代表大会,选举和罢免理事;

(二)根据会员代表大会的授权,理事会在届中可以增补、罢免部分理事,最高不超过原理事总数的1/5。

第二十三条　每个理事单位只能选派一名代表担任理事。单位调整理事代表,由其书面通知本团体,报理事会或者常务理事会备案。该单位同时为常务理事的,其代表一并调整。

第二十四条　理事的权利:

(1)理事会的选举权、被选举权和表决权;

(二)对本团体工作情况、财务情况、重大事项的知情权、建议权和监督权;

(三)参与制定内部管理制度,提出意见建议;

(四)向理事长或理事会提出召开临时会议的建议权。

第二十五条　理事应当遵守法律、法规和本章程的规定,忠实履行职责、维护本团体利益,并履行以下义务:

(一)出席理事会会议,执行理事会决议;

(二)在职责范围内行使权利,不越权;

(三)不利用理事职权谋取不正当利益;

(四)不从事损害本团体合法利益的活动;

(五)不得泄露在任职期间所获得的涉及本团体的保密信息,但法律、法规另有规定的除外;

(六)谨慎、认真、勤勉、独立行使被合法赋予的职权;

(七)接受监事对其履行职责的合法监督和合理建议。

第二十六条　理事会的职权是:

(一)执行会员代表大会的决议;

(二)选举和罢免常务理事、负责人;

根据会员代表大会的授权,在届中增补、罢免部分理事,最高不超过原理事总数的1/5;

(三)决定名誉职务人选;

(四)筹备召开会员代表大会,负责换届选举工作;

(五)向会员代表大会报告工作和财务状况;

(六)决定设立、变更和终止分支机构、代表机构、办事机构和其他所属机构;

(七)决定副秘书长、各所属机构主要负责人的人选;

(八)领导本团体各所属机构开展工作;

(九)审议年度工作报告和工作计划;

(十)审议年度财务预算、决算;

(十一)制定信息公开办法等重要的管理制度;

(十二)决定本团体负责人和工作人员的考核及薪酬管理办法;

(十三)决定其他重大事项;

第二十七条　理事会与会员代表大会任期相同,与会员代表大会同时换届。

第二十八条　理事会会议须有2/3以上理事出席方能召开,其决议须经到会理事2/3以上表决通过方能生效。

理事3次不出席理事会会议,自动丧失理事资格。

第二十九条　常务理事由理事会采取无记名投票方式从理事中选举产生。

负责人由理事会采取无记名投票方式从常务理事中选举产生。

罢免常务理事、负责人,须经到会理事2/3以上投票通过。

第三十条　选举常务理事、负责人,按得票数确定当选人员,但当选的得票数不得低于总票数的2/3。

第三十一条　理事会每年至少召开1次会议,情况特殊的,可采用通信形式召开。通信会议不得决定负责人的调整。

第三十二条　经理事长或者1/5的理事提议,应当召开临时理事会会议。

理事长不能主持临时理事会会议,由提议召集人推举本团体一名负责人主持会议。

第三节　常务理事会

第三十三条　本团体设立常务理事会。常务理事从理事中选举产生,人数为31~51人。在理事会闭会期间,常务理事会行使理事会第一、四、六、七、八、九、十、十一、十二项的职权,对理事会负责。

常务理事会与理事会任期相同,与理事会同时换届。

常务理事会会议须有2/3以上常务理事出席方能召开,其决议须经到会常务理事2~3以上表决通过方能生效。

常务理事4次不出席常务理事会会议,自动丧失常务理事资格。

第三十四条　常务理事会至少每6个月召开1次会议,情况特殊的,可采用通信形式召开。

第三十五条　经理事长或1/3以上的常务理事提议,应当召开临时常务理事会会议。

理事长不能主持临时常务理事会会议,由提议召集人推举本团体1名负责人主持会议。

第四节　负责人

第三十六条　本团体负责人包括理事长1名,副理事长8~14名,秘书长1名。

本团体负责人应当具备下列条件:

(一)坚持中国共产党领导,拥护中国特色社会主义,坚决执行党的路线、方针、政策,具备良好的政治素质;

(二)遵纪守法,勤勉尽职,个人社会信用记录良好;

(三)具备相应的专业知识、经验和能力,熟悉行业情况,在本团体业务领域有较大影响;

(四)身体健康,能正常履责,年龄不超过70周岁,秘书长为专职;

(五)具有完全民事行为能力;

(六)能够忠实、勤勉履行职责,维护本团体和会员的合法权益;

（七）无法律法规、国家政策规定不得担任的其他情形；

理事长、秘书长不得兼任其他社会团体的理事长、秘书长，理事长和秘书长不得由同一人兼任，并不得来自同一会员单位。

第三十七条 本团体负责人任期与理事会相同，连任不超过2届。

聘任或者向社会公开招聘的秘书长任期不受限制，可不经过民主选举程序。

第三十八条 理事长为本团体法定代表人。

因特殊情况，经理事长推荐、理事会同意，报党建领导机关审核同意并经登记管理机关批准后，可以由副理事长或秘书长担任法定代表人。聘任或向社会公开招聘的秘书长不得任本团体法定代表人。

法定代表人代表本团体签署有关重要文件。

本团体法定代表人不兼任其他社团的法定代表。

第三十九条 担任法定代表人的负责人被罢免或卸任后，不再履行本团体法定代表人的职权。由本团体在其被罢免或卸任后的20日内，报党建领导机关审核同意后，向登记管理机关办理变更登记。

原任法定代表人不予配合办理法定代表人变更登记的，本团体可根据理事会同意变更的决议，报党建领导机关审核同意后，向登记管理机关申请变更登记。

第四十条 理事长履行下列职责：

（一）召集和主持理事会、常务理事会；

（二）检查会员代表大会、理事会、常务理事会决议的落实情况；

（三）向会员代表大会、理事会、常务理事会报告工作；

（四）全面负责任职期间本团体发展规划、战略目标的审定与决策；

（五）在理事会闭会期间，不定期召集和主持理事长办公会和专题工作会，研究重点工作和重大事宜提交理事会决定。

理事长应每年向理事会进行述职。不能履行职责时，由其委托或常务理事会推选一名副理事长代为履行职责。

第四十一条 副理事长、秘书长协助理事长开展工作。秘书长行使下列职责：

（一）协调各机构开展工作；

（二）主持办事机构开展日常工作；

（三）提名副秘书长及所属机构主要负责人，交理事会或常务理事会决定；

（四）决定专职工作人员的聘用；

（五）拟订年度工作报告和工作计划，报理事会或常务理事会审议；

（六）处理其他日常事务。

第四十二条 会员代表大会、理事会、常务理事会会议应当制作会议纪要。形成决议的，应当制作书面决议，并由出席会议成员核签。会议纪要、会议决议应当以适当方式向会员通报或备查，并至少保存10年。

理事、常务理事、负责人的选举结果须在20日内报党建领导机关审核，经同意，向登记管理机关备案并向会员通报或备查。

第五节 监事会

第四十三条 本团体设立监事会,监事任期与理事任期相同,期满可以连任。监事会由3~5名监事组成。监事会设监事长1名,副监事长1~2名,由监事会推举产生。监事长和副监事长年龄不超过70周岁,连任不超过2届。

本团体接受并支持委派监事的监督指导。

第四十四条 监事的选举和罢免:

(一)由会员代表大会选举产生;

(二)监事的罢免依照其产生程序。

第四十五条 本团体的负责人、理事、常务理事和本团体的财务管理人员不得兼任监事。

第四十六条 监事会行使下列职权:

(一)列席理事会、常务理事会会议,并对决议事项提出质询或建议;

(二)对理事、常务理事、负责人执行本团体职务的行为进行监督,对严重违反本团体章程或者会员代表大会决议的人员提出罢免建议;

(三)检查本团体的财务报告,向会员代表大会报告监事会的工作和提出提案;

(四)对负责人、理事、常务理事、财务管理人员损害本团体利益的行为,要求其及时予以纠正;

(五)向党建领导机关、行业管理部门、登记管理机关以及税务、会计主管部门反映本团体工作中存在的问题;

(六)决定其他应由监事会审议的事项。

监事会每6个月至少召开1次会议。监事会会议须有2/3以上监事出席方能召开,其决议须经到会监事1/2以上通过方为有效。

第四十七条 监事应当遵守有关法律法规和本团体章程,忠实、勤勉履行职责。

第四十八条 监事会可以对本团体开展活动情况进行调查;必要时,可以聘请会计师事务所等协助其工作。监事会行使职权所必需的费用,由本团体承担。

第六节 分支机构、代表机构

第四十九条 本团体在本章程规定的宗旨和业务范围内,根据工作需要设立分支机构、代表机构。本团体的分支机构、代表机构是本团体的组成部分,不具有法人资格,不得另行制定章程,不得发放任何形式的登记证书,在本团体授权的范围内开展活动、发展会员,法律责任由本团体承担。

分支机构、代表机构开展活动,应当使用冠有本团体名称的规范全称,并不得超出本团体的业务范围。

第五十条 本团体不设立地域性分支机构,不在分支机构、代表机构下再设立分支机构、代表机构。

第五十一条 本团体的分支机构、代表机构名称不以各类法人组织的名称命名,不在名称中冠以"中国""中华""全国""国家"等字样,并以"分会""专业委员会""工作委员会""专项基金管理委员会""代表处""办事处"等字样结束。

第五十二条 分支机构、代表机构的负责人,年龄不得超过70周岁,连任不超过两届。

第五十三条 分支机构、代表机构的财务必须纳入本团体法定账户统一管理。

第五十四条 本团体在年度工作报告中将分支机构、代表机构的有关情况报送登记管理机关。同时,将有关信息及时向社会公开,自觉接受社会监督。

第七节 内部管理制度和矛盾解决机制

第五十五条 本团体建立各项内部管理制度,完善相关管理规程。建立《会员管理办法》《会费管理办法》《分支机构管理办法》等相关制度和文件。

第五十六条 本团体建立健全证书、印章、档案、文件等内部管理制度,并将以上物品和资料妥善保管于本团体场所,任何单位、个人不得非法侵占。管理人员调动工作或者离职时,必须与接管人员办清交接手续。

第五十七条 本团体证书、印章遗失时,经理事会2/3以上理事表决通过,在公开发布的报刊上刊登遗失声明,可以向登记管理机关申请重新制发或刻制。如被个人非法侵占,应通过法律途径要求返还。

第五十八条 本团体建立民主协商和内部矛盾解决机制。如发生内部矛盾不能经过协商解决的,可以通过调解、诉讼等途径依法解决。

第五章 资产管理、使用原则

第五十九条 本团体收入来源:

(一)会费;

(二)捐赠;

(三)政府资助;

(四)在核准的业务范围内开展活动、提供服务的收入;

(五)利息;

(六)其他合法收入。

第六十条 本团体按照国家有关规定收取会员会费。

本团体开展评比表彰等活动,不收取任何费用。

第六十一条 本团体的收入除用于与本团体有关的、合理的支出外,全部用于本章程规定的业务范围和非营利事业。

第六十二条 本团体执行《民间非营利组织会计制度》,建立严格的财务管理制度,保证会计资料合法、真实、准确、完整。

第六十三条 本团体配备具有专业资格的会计人员。会计不得兼任出纳。会计人员必须进行会计核算,实行会计监督。会计人员调动工作或者离职时,必须与接管人员办清交接手续。

第六十四条 本团体的资产管理必须执行国家规定的财务管理制度,接受会员代表大会和有关部门的监督。资产来源属于国家拨款或者社会捐赠、资助的,必须接受审计机关的监督,并将有关情况以适当方式向社会公布。

第六十五条 本团体重大资产配置、处置须经过常务理事会审议。

第六十六条 常务理事会决议违反法律、法规或章程规定,致使社会团体遭受损失的,参与审议的常务理事应当承担责任。但经证明在表决时反对并记载于会议记录的,该常务理事可免除责任。

第六十七条　本团体换届或者更换法定代表人之前必须进行财务审计。

法定代表人在任期间,本社团发生违反《社会团体登记管理条例》和本章程的行为,法定代表人应当承担相关责任。因法定代表人失职,导致社会团体发生违法行为或社会团体财产损失的,法定代表人应当承担个人责任。

第六十八条　本团体的全部资产及其增值为本团体所有,任何单位、个人不得侵占、私分和挪用,也不得在会员中分配。

第六章　信息公开与信用承诺

第六十九条　本团体依据有关政策法规,履行信息公开义务,建立信息公开制度,及时向会员公开年度工作报告、第三方机构出具的报告、会费收支情况以及经理事会研究认为有必要公开的其他信息,及时向社会公开登记事项、章程、组织机构、接受捐赠、信用承诺、政府转移或委托事项、可提供服务事项及运行情况等信息。

本团体建立新闻发言人制度,经理事会或常务理事会通过,任命或指定1~2名负责人作为新闻发言人,就本组织的重要活动、重大事件或热点问题,通过定期或不定期举行新闻发布会、吹风会、接受采访等形式主动回应社会关切。新闻发布内容应由本团体法定代表人或主要负责人审定,确保正确的舆论导向。

第七十条　本团体建立年度报告制度,年度报告内容及时向社会公开,接受公众监督。

第七十一条　本团体重点围绕服务内容、服务方式、服务对象和收费标准等建立信用承诺制度,并向社会公开信用承诺内容。

第七章　章程的修改程序

第七十二条　对本团体章程的修改,由理事会表决通过,提交会员代表大会审议。

第七十三条　本团体修改的章程,经会员代表大会到会会员代表2/3上表决通过后,报党建领导机关审核,经同意,在30日内报登记管理机关核准。

(摘自:中国建设工程造价管理协会,http://www.ccea.pro/xhgk/prospectus.shtml)

案例思考:根据阅读《中国建设工程造价管理协会章程》,指出该章程的作用和目的,该章程体现了建设工程造价从业人员哪些价值观和道德标准?该章程对相关企业和从业人员有哪些影响?

2.5　小结

我国对工程伦理规范的研究起步较晚,结合《中国建设监理协会会员自律公约》论述了工程伦理规范的概念、目的和产生方式;工程伦理规范是从业者借以参照同行公认的模范来校准自己的态度和操守的一系列原则的表述,是大多数专业团体为了增进公众对于工程师的信任与尊重;工程伦理规范的目的是帮助从业人员坚持伦理行为的最高标准、践行职业准则、维护职业职责;工程伦理规范的产生有根据组织的传统价值来制定、组织创办人和重要领袖率先制定、在组织内组建工作小组拟定三种方式。结合《中国建设监理协会章程》论述了工程伦理规范影响的主体主要有工程师、工程行业、社会公众、职业协会和社团组织等,工程伦理规范可以有效地协调、处理相关主体的利益冲突。结合上海闵行区在建的"莲花河畔景苑"楼房倾倒事故,提出有效实行工程伦理规范应该严格"自律"强化"他律",追求"理想",守住"底线"的建议。

思考题

1.你如何看待工程伦理规范？你认为是否应该制定工程伦理规范？请说明理由。

2.什么是工程职业社团？在你看来,工程职业社团是规范、促进工程伦理行为的良好方式吗？你建议工程职业社团应该做出哪些变革？

3.请举例谈一谈工程伦理规范对工程职业社团或工程师的影响。

4.你对有效施行工程伦理规范还有哪些好的建议？

3 建设工程伦理责任

【引例】《广西壮族自治区住房城乡建设厅关于玉林市"5·16"施工升降机高空坠落较大事故的通报》(桂建函〔2020〕406 号)

2020 年 5 月 16 日 19 时 20 分左右,玉林市碧桂园凤凰城五期 A1 标段 1#、2#、5#楼项目的 5#楼施工升降机发生高空坠落较大事故,导致施工升降机吊笼内的 6 名工人死亡。为深刻吸取较大事故教训,现将有关情况通报如下:

一、事故基本情况

事故发生后,自治区党委、政府主要领导高度重视,先后做出批示,要求迅速查明事故原因,妥为处理事故善后工作,举一反三组织开展排查消除安全隐患,防止安全事故发生。接到事故信息后,我厅主要领导立即指派厅相关处室同志连夜赶赴事故项目现场指导事故处置和调查分析,从严从速从重实施责任追究。厅领导随即带领有关建筑起重机械专家到达事故项目现场开展详细勘查,对事故原因进行分析研究。

据了解,该项目位于玉林市玉州区二环北路 165 号,建设单位是玉林市盛享某某房地产开发有限公司,法定代表人谢某某,项目负责人王某;施工总承包单位是广东某某建筑工程有限公司,法定代表人杨某某,项目经理黄某,专职安全员韦某某、郑某某、幸某某;施工升降机起重设备安装专业承包单位是广西北流某某建筑机械租赁有限公司,法定代表人和项目负责人均为顾某某,专职安全员陈某某;监理单位是广西某某建设工程咨询有限公司,法定代表人宁某,项目总监杜某某。建设单位于 2019 年 6 月 26 日向施工单位发出中标通知书,中标价为 90 531 680.89 元;2019 年 7 月 26 日到玉林市住房和城乡建设局办理了质量安全监督登记手续(监督登记号:45090120190053)。2019 年 7 月 26 日,玉林市住房和城乡建设局发放了"建设工程施工许可证"(编号:450901201907260101)。该事故项目于 2019 年 8 月 1 日开工建设,2020 年 4 月 14 日完成 5#楼主体结构施工,5#楼施工升降机导轨架最顶上一段标准节于 5 月 14 日安装完毕。涉事施工升降机设备类型及型号为 SC200/200 施工升降机,设备生产厂家为广西某某重工科技有限公司,设备产权备案编号为桂 K-S-0110-0223。

二、事故原因分析

据初步调查分析,该起事故的直接原因是 5 月 14 日加装施工升降机最顶上一段电梯导轨时,第 64 节、第 65 节标准节之间应当连接的 4 根高强度连接螺栓中有 2 根缺失。5 月 16 日晚上,工人乘坐施工升降机右侧吊笼前往加班,吊笼运行至第 65 节标准节以上时,标准节连接处失效,吊笼连同第 65 节及以上标准节、附着装置部件倾翻,整体坠落,导致吊笼中的 6 名工人有 3 人当场死亡、3 人送至医院后抢救无效死亡,事故直接经济损失约 1 000 万元。调查同时发现,项目还存在施工升降机安装人员无特种作业证书、无专职安全管理人员进行现场监督以及未按要求对设备进行自检、调试、试运行和组织验收等问题(图3-1)。

图3-1　玉林市"5·16"施工升降机高空坠落较大事故

（摘自：中华人民共和国住房和城乡建设部，http://www.mohurd.gov.cn/zlaq/cftb/zfh-cxjsbcftb/202007/t20200721_246427.html）

案例思考：在玉林市"5·16"施工升降机高空坠落较大事故中，存在施工升降机安装人员无特种作业证书、无专职安全管理人员进行现场监督等问题，导致3人当场死亡。请问，在该工程施工期间，相关责任人的有何责任缺失？如何逐步导致灾难发生？

3.1　建设工程伦理责任

何谓伦理责任？责任是人们生活中经常用到的概念，它不属于伦理学，许多学科如法学、经济学、政治学、社会学等都涉及和关注责任问题，因此，人们对责任的理解呈现出多维度、多视角的状况。在责任的分类上，按照性质可以分为因果责任、法律责任、道义责任等；按时间先后可分为事前责任和事后责任。

不论何种类型的责任，都会包含如下几个要素：①责任人，即责任的承担者，可以是自然人或法人；②对何事负责；③对谁负责；④面临指责或潜在的处罚；⑤规范性准则；⑥在某个相关行为和责任领域范围之内。

伦理责任与法律责任、职业责任的对比：首先，伦理责任不等于法律责任。法律责任属于"事后责任"，指的是对已发事件的事后追究，而非在行动之前针对动机的事先决定，而伦理责任则属于"事先责任"，其基本特征是善良意志不仅依照责任，而且出于责任而行动。其次，伦理责任也不等同于职业责任。职业责任是工程师履行本职工作时应尽的岗位（角色）责任，而伦理责任是为了社会和公众利益需要承担的维护公平和正义等伦理原则的责任。工程师的伦理责任一般说来要大于或重于职业责任。

现代的建设工程本身就是价值负载的伦理决策过程,所有的伦理课题都离不开责任,因此,在建设工程项目实施过程中,有必要讨论工程的伦理责任。在我国,责任通常理解为行为主体必须对自身负责,并承担对不履行应尽之责导致的损失。从法律上讲,有过失,必有责任。同时,伦理责任一方面要求行为主体对自己职责的自由确认和服从,另一方面也提醒行为主体时刻进行自我纠错、自我约束,向道德主流回归,使其行为符合社会公众的利益需求。

建设工程往往技术复杂、投资大、工期长、涉及面广、社会关注度高,一旦发生工程风险,社会影响很大,在工程项目实施过程中,要求工程师必须科学严谨、务实规范,不能有任何隐瞒、侥幸、散漫心理。因此,建设工程伦理责任要求工程师在工程活动中,依照科学、公正的原则,自觉地为自身行为承担相应的责任,在实践中持续学习、不断提高,预设道德底线,维护公众利益。

随着社会的发展和科技的进步,一方面生态环境破坏加剧,另一方面社会公众的环保意识和维权意识也在加强,这也对工程师在建设工程实施过程中提出了更多的伦理责任要求,不能再局限于"把工程做好",而更要关注于如何"做好工程"。

2013年5月24日,习近平总书记在十八届中央政治局第六次集体学习时的讲话中指出,要大力节约集约利用资源,推动资源利用方式根本转变,加强全过程节约管理,大幅降低能源、水、土地消耗强度。要控制能源消费总量,加强节能降耗,支持节能低碳产业和新能源、可再生能源发展,确保国家能源安全。要加强水源地保护和用水总量管理,推进水循环利用,建设节水型社会。要严守耕地保护红线,严格保护耕地特别是基本农田,严格土地用途管制。要加强矿产资源勘查、保护、合理开发,提高矿产资源勘查合理开采和综合利用水平。要大力发展循环经济,促进生产、流通、消费过程的减量化、再利用、资源化。

因此,从工程师个体来讲,不仅要承担由于失责导致的事后责任,还要关注于事前责任,坚持社会和谐发展、可持续发展的理念,维护好共同的家园。

3.2　建设工程伦理责任的主体和对象

3.2.1　建设工程伦理责任主体

建设工程伦理责任主体指对于参与工程活动并对产生的损失后果负有特定义务的个人或组织,包括工程师个体和工程师共同体。

（1）工程师个体的伦理责任

工程师作为专业人员,具有一般人不具有的专业的工程知识。他们不仅能够比一般人更早、更全面、更深刻地了解某项工程成果可能给人类带来的福利,同时,他们作为工程活动的直接参与者,工程师比其他人更了解某一工程的基本原理以及所存在的潜在风险。因此,工程师的个体伦理责任在防范工程风险上具有至关重要的作用。在习近平新时代中国特色社会主义思想指导下,我国要建设有中国特色的社会主义现代化强国,对工程师个体来讲,其首要的伦理责任就是社会责任。当建设工程实施过程中有可能损害社会公众利益时,工程师应该具有高尚的职业品质和社会责任感,并要具有防止工程损害行为发生的责任和义务,要挺身而出与之斗争,维护社会公众利益。

（2）工程共同体的伦理责任

由于工程的复杂性,现代工程在本质上是一项集体活动,需要由多个单位或部门参建,工程活动中不仅有设计师、工程师、供应商、建设者的分工和协作,还有投资者、决策者、管理者、验收者、使用者等利益相关者的参与,他们都会在工程活动中努力实现自己的目的和需要。当工程风险发生时,往往不能把全部责任归结于某一个人,而需要工程共同体共同承担。因此,工程责任的承担者就不仅限于工程师个人,而是要涉及包括诸多利益相关者的工程共同体。

3.2.2　建设工程伦理责任的对象

建设工程伦理责任对象不仅包括与工程行为相关的建设单位、承包单位、监理单位、材料设备供应商、工人等,还包括社会环境和自然环境。

3.3　建设工程伦理责任的类型

建设工程伦理责任的类型可以分为以下几种。

3.3.1　职业伦理责任

所谓"职业",是指一个人"公开声称"成为某一特定类型的人,并且承担某一特殊的社会角色,这种社会角色伴随着严格的道德要求。职业伦理责任可以分为三种类型:一是"义务责任",职业人员以一种有益于客户和公众,并且不损害自身被赋予的信任的方式使用专业知识和技能的义务,这是一种积极的或向前看的责任;二是"过失责任",这种责任是指可以将错误后果归咎于某人,这是一种消极的或向后看的责任;三是"角色责任",这种责任涉及一个承担某个职位或管理角色的人。

3.3.2　社会伦理责任

工程师作为公司的雇员,当然应该对所在的企业或公司忠诚,这是其职业道德的基本要求。可是如果工程师仅仅把他们的责任限定在对企业或公司的忠诚上,就会忽视应尽的社会伦理责任。工程师对企业或公司的利益要求不应该是无条件地服从,而应该是有条件地服从,尤其是公司所进行的工程具有极大的安全风险时,工程师更应该承担起社会伦理责任。当其发现所在的企业或公司进行的工程活动会对环境、社会和公众的人身安全产生危害时,应该及时地给予反映或揭发,使决策部门和公众能够了解到该工程中的潜在威胁,这是工程师应该担负的社会责任和义务。

3.3.3　环境伦理责任

除了职业伦理责任和社会伦理责任,包括工程师在内的工程共同体还需要对自然负责,承担起环境伦理责任。

（1）评估、消除或减少关于工程项目实施过程中对生态环境所带来的短期的、直接的影响以及长期的、间接的影响；

（2）减少工程项目以及产品在整个生命周期对于环境及社会的负面影响，尤其是使用阶段

（3）促进技术的正面发展用来解决难题，同时减少技术的环境风险。

3.4 工程师对待承担伦理责任的态度

当今，建设工程实施过程中，新工艺、新材料、新技术不断被采用，另外，由于工程技术复杂、参与人员众多等因素，工程风险的发生绝大多数不是单一因素导致，因此，无论是工程的直接参与者还是管理者，作为个体对工程风险都负有相应的责任。工程师不能将伦理责任作为一种外界约束，而应该作为一种更高的人生境界去追求。工程师对待承担伦理责任的态度可以分为必须承担的责任、可能承担的责任、"举报"责任。

（1）必须承担的责任。必须承担的责任主要是指责任事件起因于工程师个人，主要由于工程师个人在技术、管理方面的过失或无知导致而违反法律法规、技术标准的规定引起风险事件发生。比如，在建设工程施工期间，施工人员违反技术标准操作引发事故、技术人员对施工图纸理解不透、脱岗漏岗等。

（2）可能承担的责任。可能承担的责任主要指责任事件与工程师个人不存在直接因果关系，但工程师牵涉其中，同时又具备避免事件发生或挽回不必要损失的能力，因而可能要承担部分责任，或与他人承担共同责任。在可能承担的责任事件中，尽管工程师与事件人不存在直接因果关系，但工程师的职业行为除了受法律法规和职业规范的约束外，也受道德规范和伦理规范的约束。

（3）"举报"责任。"举报"责任是指工程师与责任事件之间不存在因果关系，但有凭借自身的专业知识和道德良知的引导而揭露问题的责任。即当工程师发现工程风险时，除了劝阻、制止、报告外，若风险事件仍未消除，工程师还有继续"举报"的责任，直至避免事件发生。

【案例】《河南省住房和城乡建设厅关于原阳县"4·18"事故的通报》（豫建质安〔2020〕184 号）

各省辖市、济源示范区管委会、省直管县（市）住房城乡建设局：

2020 年 4 月 18 日 17 时左右，原阳县盛和府建筑工地在整理工地土方时，发生一起压埋窒息事故，造成四名儿童死亡，直接经济损失 485.4149 万元。事故直接原因：土方转运车驾驶员违章操作，致使在卸土坑处玩耍的儿童被重型自卸车倾泻的土方压埋致机械性窒息死亡。

这起事故的发生，引起社会广泛关注。事故发生以后，住建部、省政府多位领导先后做出批示和指示，要求认真调查事故原因，依法依规严格追究责任，在全省建筑领域开展安全生产集中治理，坚决遏制事故多发势头。为认真贯彻领导批示指示精神，进一步吸取事故教训，举一反三，强化整改，采取更加有力的措施，确保全省建筑施工安全形势平稳，

现就进一步加强建筑施工安全工作提出以下要求：

一、切实提高政治站位，深刻汲取事故教训

安全生产事关人民群众生命财产安全，事关经济发展和社会大局稳定。各地住房城乡建设部门要深入学习贯彻习近平总书记关于安全生产的重要论述和指示批示要求，全面贯彻落实全国全省安全生产电视电话会议精神，牢固树立以人民为中心的安全发展理念，树立底线思维，深刻吸取事故教训，处理好疫情防控和复工复产、复工复产和安全生产之间的关系，重视集中复工复产风险高度聚集的新情况，时刻绷紧安全生产这根弦，抓紧抓牢安全生产工作，坚决杜绝重特大生产安全事故发生。

二、迅速行动，有序推动专项整治行动

开展安全生产专项整治三年行动是贯彻党中央、国务院重大决策和省委、省政府部署要求的重要行动，是促进全省城乡建设安全保障水平提升的重要机遇。各级住房城乡建设部门要高度重视、立即行动，迅速成立安全生产专项整治领导小组，建立完善工作推进机制，研究拟定具体落实方案，对任务和措施进行实化细化；要层层组织动员部署，营造人人关注、人人参与、人人监督专项整治的良好氛围。同时，要坚持问题导向，加大专项整治攻坚力度，推动整治行动落细落小落实，扎实推进城乡建设安全生产治理体系和治理能力现代化，坚决遏制重特大事故发生，确保人民群众生命财产安全。

三、以案促改，立即组织开展建筑施工安全生产集中治理

各地住房城乡建设部门要进一步贯彻落实全国、全省安全生产电视电话会议精神，深刻汲取原阳县"4·18"事故教训，提高对全省建筑施工安全生产形势高风险性、复杂性的认识，对暴露出来的安全发展理念不牢固、企业主体责任不落实、安全生产制度机制不完善、安全监管执法不到位等深层次问题必须高度重视、警钟长鸣。各级住建部门要结合全省建筑施工领域安全生产专项整治三年行动，抓紧组织实施，切实保障落实。重点开展"四查"，一查主体责任落实情况。紧盯建设单位项目负责人、施工单位项目经理、监理单位总监等"三个关键人"；二查建设工程合规建设情况，重点检查工程项目审批手续，以及违反建筑市场秩序的违法违规行为；三查建设工地及周边安全情况；四查危险性较大工程安全情况。对发现的隐患，要实行台账管理，边查边改、立整立改，确保不留盲区、不留死角，整改到位，从源头杜绝事故发生。全面排查疫情隔离场所、开工项目复工人员集中居住场所房屋质量安全情况，并及时消除安全隐患。加强农村建房施工管理，加强宣传教育，提高农民群众建房的安全意识。

四、要加大监督执法力度，形成严厉打击的高压态势

各地住房城乡建设部门要持续加大监督执法和查处问责力度，对检查发现的问题隐患要书面责令整改并跟踪落实，对不能保证安全的要坚决责令停工整改，同时对企业及项目依法及时启动安全条件复核程序，项目通过安全生产条件复核前不得复工，企业通过安全生产条件复核前不得承揽新的工程项目，确保及时消除安全隐患，保障安全生产。对违法违规行为要依法追究法律责任，要坚持原则、动真碰硬，做到有法必依，违法必究，执法必严，保持严管重罚的高压态势，体现行政执法的严肃性和权威性，充分发挥查处案例对行业安全的警示教育和规范引导作用。对发生的事故要依法、及时、准确报告，同时根据属地化管理原则，按照住建部门行业管理职能，及时启动事故调查及处理工作。在日常监

督执法检查、安全条件复核、事故调查处理等方面,对于涉及我厅管辖权内资质资格、安全证照等处罚事项的要及时提请我厅进行处理。

(摘自:中华人民共和国住房和城乡建设部,http://www.mohurd.gov.cn/zlaq/cftb/zfh-cxjsbcftb/202005/t20200528_245616.html)

案例思考:《河南省住房和城乡建设厅关于原阳县"4·18"事故的通报》中提到原阳县"4·18"事故是一起责任事故,引起社会广泛关注。如何理解此次事故中相关作业人员承担伦理责任的态度?

【案例】秦岭违建别墅

秦岭违建别墅,位于秦岭北麓西安段,圈占基本农田14.11亩、鱼塘两处逾千平方米、狗舍面积达78平方米。

2018年7月,针对秦岭北麓违建问题的专项整治行动大规模展开,多与这些别墅相关的腐败案例被挖出,已经有1000余人被问询过,秦岭违建别墅终于被拆除。2018年7月31日起,专项整治行动在秦岭北麓西安境内展开。

2018年7月以来,"秦岭违建别墅拆除"备受社会关注。中央、省、市三级打响秦岭保卫战,秦岭北麓西安段共有1194栋违建别墅被列为查处整治对象。

2018年11月,习近平总书记主持召开中央政治局常务委员会会议,强调要加强党的政治建设,严明党的政治纪律,克服形式主义、官僚主义,反对空谈,倡导实干,扎实推进党风廉政建设和反腐败斗争。

2018年7月底开始,一场针对秦岭北麓违建问题的专项整治行动大规模展开。在违建别墅被拆除的同时,诸多与这些别墅相关的腐败案例,也陆续被挖出。

2018年7月31日起,专项整治行动在秦岭北麓西安境内展开。截至2019年1月10日,清查出1194栋违建别墅;其中依法拆除1185栋、依法没收9栋;依法收回国有土地4557亩,退还集体土地3257亩(图3-2)。

图3-2 秦岭违建别墅

(摘自:https://baijiahao.baidu.com/s? id = 1661506014951565351&wfr = spider&for = pc, CCTV1《一抓到底正风纪——秦岭违建整治始末》)

案例思考:"秦岭违建别墅拆除"备受社会关注,中央、省、市三级打响秦岭保卫战。通过此次事件,如何看待工程建设对生态环境的影响,以及建设项目的决策过程中如何处理社会公众利益?

3.5 案例分析

三峡工程坝体进口钢筋不合格事件

2000 年 5 月 11 日,湖北出入境检验检疫局驻三峡工程办事处(以下简称"湖北国检驻 三峡办")对来自日本钢铁制造业巨头住友金属工业株式会社的钢材加以检测。检验员王春来发现钢材存在严重质量问题——钢板的冲击韧性未达到合同要求,且与日方提供的检验合格单上的技术数据相差甚远。这些钢材主要用于制作连接水轮发电机组蜗壳部分的引水钢管,而引水钢管作为永久性部件在混凝土坝体浇筑时被埋入坝身,是坝体极为重要的组成部分。一直以来,日本作为世界钢铁制造业强国之一,其钢铁制造工艺一直处于国际一流水平。检测数据与日本"权威"数据的差异,使得湖北国检驻三峡办陷入两难境地。一是若把"合格"产品指认为不合格废品,重新进行材料采购,必将延误三峡工程建设进度。检验检疫部门需要承担极大的举证责任,稍有疏忽,不仅机构声誉受损,而且会产生极为严重的不利政治影响。二是将"不合格"废品认证为合格产品,必定给三峡水利枢纽工程埋下重大质量隐患,极有可能引发溃坝危机,进而威胁下游居民人身安全。为保险起见,湖北国检驻三峡办主任余良和检测员王春来进行了第二次测试,检测结果同样不容乐观。按照中国检验检疫的相关规定,三峡工程业主方就检验结果立即向日本三井物产株式会社和住友金属工业株式会社发布简要通告,要求日方高度重视并妥善处理。起初日方一味推卸责任,坚称产品质量不可能有任何问题,是湖北国检驻三峡办检验设备不够精准,导致结果偏差过大。为粉碎质疑,余良和王春来在业主大力支持下,将检测样本送至更为权威的武汉钢铁研究所,再次检测材料冲击韧性和拉伸性能。事实证明,三次检测结果完全一致,毫无争议,日本提供的钢材的的确确存在严重质量问题。面对铁一般的证据,日方无力反驳,立刻向中方致歉并迅速做出赔偿。面对日本钢铁"质量神话"的压力,王春来等湖北国检驻三峡办工作人员始终秉持"求真、求实、求是"精神,以科学、严谨的态度积极应对问题,成功化解危机,既维护了湖北国检驻三峡办的专业声誉,又避免了重大生产事故的出现,还保障了公众安全。但是,尽管证据确凿,日方依旧仅仅承认采用了尚未成熟的"创新"生产工艺,致使钢板质量出现偏差波动,而对导致问题的真正成因讳莫如深,员工在三峡工程中通过篡改产品检测数据,以次充好。直到 2017 年 10 月 8 日,日本第三大钢铁企业神户制钢厂"存在大规模造假行为",日本钢铁质量问题的真正原因才为世人所知晓。调查发现,神户制钢旗下工厂在子公司长期大面积篡改部分铝合金、铜制品的强度、尺寸以及耐久性等重要出厂数据,甚至修改产品检测证明书,将不合格产品冒充达标产品出售给用户,并且该行为已经持续数十年之久。根源在于神户制钢厂奉行员工自检方针、削减质检员数量并外包质检工作,且该公司中层管理者对公司内部员工导致在交货压力大或有加急订单时,大量不合格产品轻易流向建材市场。

案例思考：通过上述案例，试分析建设工程企业和工程师面对工程质量事故时的伦理责任，以及应采取的措施。

3.6　小结

结合玉林市"5·16"施工升降机高空坠落较大事故，引出工程伦责任的分类和包含的要素；通过伦理责任与法律责任、职业责任的对比，指出工程师的伦理责任一般说来要大于或重于职业责任，现代的建设工程本身就是价值负载的伦理决策过程，在建设工程项目实施过程中，有必要讨论工程的伦理责任。结合原阳县"4·18"埋窒息事故、秦岭违建别墅事件、三峡工程坝体进口钢筋不合格事件，论述了工程伦理责任主体包括工程师个体和工程师共同体；分析了工程伦理责任的类型可以分为 职业伦理责任、社会伦理责任、环境伦理责任。提出工程师对待承担伦理责任的态度可以分为必须承担的责任、可能承担的责任、"举报"责任。

思考题

1.在现代社会中流行"谁发工资请听谁的"这一观点，特别是建设工程施工现场，各级工程参与人员只对雇主负责。请从社会伦理责任的角度分析这一观点。

2.张三在购买商品房时，有意购买小区中某栋楼的三层东户，但图纸设计该户正对一通风排风口，销售人员在介绍产品时对此问题故意隐瞒。请从伦理责任的角度分析该销售人员的行为。

3.试分析比较伦理责任、职业责任、法律责任。

4.某工程施工现场，小张为该工程总包单位的安全员，有一天，小张在安全检查时发现钢筋工在加工钢筋时，钢筋切断机的用电安全不符合要求，遂上前制止并要求整改，但钢筋加工作业班组以工期紧、经验丰富等理由不予整改。请问，安全员小张该怎么做？从工程伦理的角度小张应该持什么态度？

4 建设工程风险与伦理责任

【引例】

　　1887 年魁北克当地的商人成立了"魁北克桥梁和铁路公司"（Quebec Bridge and Railway Co.,QBRC）来建造魁北克大桥这一横贯圣劳伦斯河的宏伟工程,爱德华·A.霍尔（Edward A. Hoare）被任命为总工程师。1900 年,QBRC 与当时美国最杰出桥梁工程师之一的西奥多·库珀（Theodore Cooper）达成协议,请他的工程咨询办公室负责监督和指导大桥设计和建造工作。库珀在工程建设过程中拥有重要的决定权和管理权,事关大桥建设的安全与质量。由于库珀希望魁北克大桥成为当时世界上最长的桥梁,他先是擅自将大桥主跨由原来的 1600 英尺（487.68 米）增至 1800 英尺（548.64 米）,继而为降低桥跨增大所需的费用,建议提高技术规范中钢材的应力容许值。致命之处在于,库珀忽略了对桥梁承载力的重新检算。当投资方筹集到资金并希望重新核查桥梁安全性时,库珀以大桥工期已大大拖延为由而拒绝,甚至愤怒地说:"我们已经失去了太多的时间了!"于是投资方打消了自己的主意。1903 年,QBRC 和凤凰桥梁公司（Phoenix Bridge Co.,PBC）签订了合同,由该公司负责建造此桥,设计者是该公司的总设计师彼得·施拉普卡（Peter Szlopka）。在这三年中,库珀仅仅去过工地三次。因为他认为顾问工程师没有必要常去现场,去现场只起"渲染气氛"的作用,甚至从他早期从事工程顾问时起,就坚持在合同中写上"到现场的次数每个月不超过五天"。

　　1903 年后,他以年事已高、身体不适为由,再也没有去过现场,而是安排年轻的现场工程师诺曼·麦克卢尔（Norman McLure）在工地上执行他来自远方的指示。1903 年,在联邦政府拨下资金后,工程建设正式开始。在 1905 年年初,本该在南端锚跨结构施工图基本完成之时精确计算自重并进行复核,但凤凰桥梁公司迫于"早出阁"的压力而闭口不提,库珀也未履行监管职责。1906 年,参建各方都已意识到桥梁负荷过重远超预想,已达 800 万磅。此时,库珀面临两种选择:一是继续,二是重来。他根据对最初图纸的计算来估计钢桥重量,认为 800 万磅的超重可被接受,于是没有选择停工。而这其中还有更关键的考虑,他想以设计世界上最大的桥而闻名,而且威尔士亲王（后来成为国王乔治五世）计划参加 1908 年的大桥开通仪式。因此任何耽误都将搅乱计划。

　　1907 年 6 月 15 日,当现场工程师报告（锚的）两根钢梁出现 0.25 英寸的错位时,库珀认为问题不严重,无须担心。当 1907 年 8 月 27 日发现钢梁错位增加到 2 英寸,并且发生弯曲时,工程施工被迫暂停,麦克卢尔被派往纽约直接与库珀协商。28 日一早,一方面,总工程师爱德华·A·霍尔说服工头重新开工。霍尔给库珀的解释是"停止对各个方面影响很坏,可能导致人手不够而施工完全停止"。另一方面,现场的另一位资深工程师彦塞尔（B. A. Yesner）却因为"梦见大桥出现的问题不严重"这一奇怪理由而默认重新开工的指令。29 日,麦克卢尔在纽约与库珀会晤,两人都不知道已经重新开工。两人简短讨论后,库珀打电话给凤凰桥梁公司办公室,要求暂时不要加载,等麦克卢尔到现场处理。库珀认为这样做比直接通知施工现场更迅速。1907年8月29日下午1:15,库珀的指令到达凤凰桥梁公司办公室,因总工程师不在场,指令被耽搁了。下午3:00,凤凰桥梁公司总工程师回到办公室,看到了消息,等麦克卢尔下午5:15左右到达后,他就安排了1个小组会议简要讨论了情况,决定等第二天早上再采取措施。在工程师们研究对策时,下午5:32,魁北克大桥发生垮塌。历时仅仅155秒,大桥的整个金属结构就全部坍塌,19 000吨钢材和86名建桥工人落入水中,造成75人死亡(包括彦塞尔),11人受伤。据目击者形容,桥身"就像是一根底部迅速融化的冰柱"。

1913年,大桥重新开始建设。1916年9月11日,由于施工起重装置的问题,其跨中段再次掉入河中,13人因此丧命。1919年8月大桥终于建成,此时距发生首次悲剧已过去近12年。大桥凭借其骄人的中跨跨度,成为当时世界上跨度最大的悬臂桥。1922年,在魁北克大桥竣工后不久,加拿大的七大工程学院(即后来的"The Corporation of the Seven Wardens")共同出资将施工中倒塌的桥梁残骸全部买下,并决定把这些亲历灾难的钢材打造成一枚枚戒指,发给每名工程系毕业生。然而由于当时技术所限,桥梁残骸的钢材无法被打造成戒指,学院只好用其他钢材代替。不过为了体现"桥梁垮塌残骸"之寓意,戒指被设计成扭曲的钢条形状,用来纪念事故死难者。于是,这一枚枚戒指就成为后来在工程界闻名的"工程师之戒"(Engineer's Ring)。这枚戒指被规定必须戴在小拇指上,作为对每名工程师的郑重警示。鉴于魁北克大桥不寻常的历史,1996年1月24日,加拿大政府宣布其为国家历史遗址。

案例思考:加拿大魁北克大桥建设过程中两次发生坍塌事故,请分析加拿大魁北克大桥坍塌事故背后的伦理原因,以及工程技术、工程风险、工程伦理的关系。

4.1 建设工程风险概述

随着建设工程规模越来越大,工程技术越来越复杂,工程风险也越来越多,工程师应正确认识和掌握工程风险,并能从伦理角度识别工程风险,有助于提高工程质量和效益,减少工程事故和灾难的发生。据《住房和城乡建设部办公厅关于2019年房屋市政工程生产安全事故情况的通报》(以下简称《通报》),2019年,全国共发生房屋市政工程生产安全事故773起、死亡904人,比2018年事故起数增加39起、死亡人数增加64人,分别上升5.31%和7.62%。全国31个省(区、市)和新疆生产建设兵团均有房屋市政工程生产安全事故发生,17个省(区、市)死亡人数同比上升(图4-1、图4-2)。

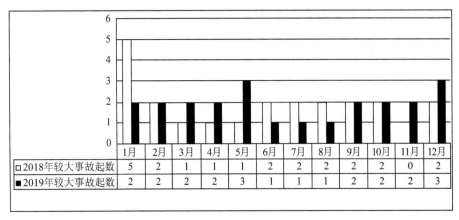

图 4-1 2019 年全国房屋市政工程生产安全事故起数情况

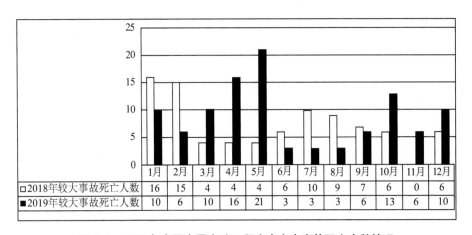

图 4-2 2019 年全国房屋市政工程生产安全事故死亡人数情况

《通报》中分析,在较大及以上事故方面,以土方和基坑开挖、模板支撑体系、建筑起重机械为代表的危险性较大的分部分项工程事故占总数的 82.61%,依然是风险防控的重点和难点;管沟开挖坍塌事故占总数的 13.04%,现场管理粗放、安全防护不到位、人员麻痹大意是重要原因;既有房屋建筑改造、维修、拆除施工作业坍塌事故占总数的 13.04%,相关领域风险隐患问题日益凸显;市场主体违法违规问题突出,存在违章指挥、违章作业问题的事故约占总数的 80%,存在违反法定建设程序问题的事故约占总数的 60%,存在关键岗位人员不到岗履职问题的事故约占总数 40%。由此可见,工程安全事故的表面是技术问题,实质上背后的重要原因是工程伦理问题。

4.1.1 风险的概念

"风险"一词的由来,最为普遍的一种说法是,在远古时期,以打鱼捕捞为生的渔民们,每次出海前都要祈祷,祈求神灵保佑自己能够平安归来,其中主要的祈祷内容就是让神灵保佑自己在出海时能够风平浪静、满载而归。他们在长期的捕捞实践中,深深地体会到"风"给他们带来的无法预测、无法确定的危险,他们认识到,在出海捕捞打鱼的生活中,"风"即意味着"险",因此有了"风险"一词的由来。

而另一种据说经过多位学者论证的"风险"一词的"源出说"称,风险(risk)一词是舶来品,有人认为来自阿拉伯语,有人认为来源于西班牙语或拉丁语,但比较权威的说法是来源于意大利语的"risque"一词。在早期的运用中,也是被理解为客观的危险,体现为自然现象或者航海遇到礁石、风暴等事件。大约到了 19 世纪,在英文的使用中,风险一词常常用法文拼写,主要是用于与保险有关的事情上。

现代意义上的风险一词,已经大大超越了"遇到危险"的狭义含义,而是"遇到破坏或损失的机会或危险",可以说,经过两百多年的演义,风险一词越来越被概念化,并随着人类活动的复杂性和深刻性而逐步深化,被赋予从哲学、经济学、社会学、统计学甚至文化艺术领域的更广泛、更深层次的含义,且与人类的决策和行为后果联系越来越紧密,风险一词也成为人们生活中出现频率很高的词汇。

无论如何定义风险一词,其基本的核心含义都是"未来结果的不确定性或损失",也有人进一步定义为"个人和群体在未来遇到伤害的可能性以及对这种可能性的判断与认知"。通俗地讲,风险就是发生不幸事件的概率。换句话说,风险是指一个事件产生我们所不希望的后果的可能性,某一特定危险情况发生的可能性和后果的组合。从广义上讲,只要某一事件的发生存在着两种或两种以上的可能性,那么就认为该事件存在着风险。而在保险理论与实务中,风险仅指损失的不确定性。这种不确定性包括发生与否的不确定、发生时间的不确定和导致结果的不确定。

风险具有客观性、普遍性、必然性、可识别性、可控性、损失性、不确定性和社会性。

4.1.2　风险的构成要素

(1)风险因素。风险因素是指促使某一特定风险事故发生或增加其发生的可能性或扩大其损失程度的原因或条件。它是风险事故发生的潜在原因,是造成损失的内在或间接原因。例如:对于建筑物而言,风险因素是指其所使用的建筑材料的质量、建筑结构的稳定性等;对于人而言,则是指健康状况和年龄等。

(2)风险事故。风险事故(也称风险事件)是指造成人身伤害或财产损失的偶发事件,是造成损失的直接的或外在的原因,是损失的媒介物,即风险只有通过风险事故的发生才能导致损失。就某一事件来说,如果它是造成损失的直接原因,那么它就是风险事故;而在其他条件下,如果它是造成损失的间接原因,它便成为风险因素。

(3)损失。在风险管理中,损失是指非故意的、非预期的、非计划的经济价值的减少。通常我们将损失分为两种形态,即直接损失和间接损失。直接损失是指风险事故导致的财产本身损失和人身伤害,这类损失又称为实质损失;间接损失则是指由直接损失引起的其他损失,包括额外费用损失、收入损失和责任损失。

(4)风险构成要素间关系。风险因素是指引起或增加风险事故发生的机会或扩大损失幅度的条件,是风险事故发生的潜在原因;风险事故是造成生命财产损失的偶发事件,是造成损失的直接的或外在的原因,是损失的媒介;损失是指非故意的、非预期的和非计划的经济价值的减少。风险是由风险因素、风险事故和损失三者构成的统一体,风险因素引起或增加风险事故,风险事故发生可能造成损失。

4.1.3 风险的分类和性质

按照性质分为纯粹风险和投机风险;按照标的分为财产风险、人身风险、责任风险和信用风险;按照行为分特定风险和基本风险;按照产生环境分为静态风险和动态风险;按照产生原因分为自然风险、社会风险、政治风险(国家风险)、经济风险、技术风险,技术风险是指伴随着科学技术的发展、生产方式的改变而产生的威胁人们生产与生活的风险,如核辐射、空气污染和噪声等。

风险具有客观性、偶然性、损害性、不确定性、相对性(或可变性)、普遍性、社会性等性质。

4.1.4 建设工程风险

工程风险的定义有广义和狭义之分。广义的工程风险是指由于各种不可抗力和具体的情境性因素而导致工程标的物在工程各个阶段中受损的风险,可以理解为实然状态与应然状态之间的差异。在此广义视角下,建设工程产品全寿命周期都面临潜在风险的威胁。狭义的工程风险是指在工程项目实施过程中,自然灾害和各种意外事故发生而造成的人身伤亡、财产损失和其他经济损失的不确定性的统称,主要关注建造阶段。

建设工程风险的特征有以下三个方面:

(1)建设工程风险存在的客观性和普遍性。风险是一种不以人的意志为转移,独立于人的意识之外的客观存在。因为无论是自然界的物质运动,还是社会发展的规律,都由事物的内部因素所决定,由超过人们主观意识所存在的客观规律所决定。从总体上看,有些风险是必然要发生的,但何时发生却是不确定性的。例如,建设工程部分功能的失效是必然发生的,但是具体到某一工程何时失效其部分功能,却是不可能确定的。工程师控制风险也只是在有限空间和时间内降低其发生概率、减少风险损失后果。

(2)建设工程风险发生的偶然性和必然性。任何一种具体风险的发生都是诸多风险因素和其他因素共同作用的结果,是一种偶然现象。个别风险事故的发生是随机的、无规律的,但可以通过观察和统计分析大量风险事故资料,发现其中的演变轨迹,这就使得工程师群体有可能利用统计方法及适宜的风险管控措施,降低重大风险发生的概率。反之,如果工程师对风险隐患听之任之,不仅重大风险源必然引发安全事故,而且会产生更坏的连锁反应,极易上演"千里之堤,毁于蚁穴"的悲剧。

(3)建设工程风险的社会性。风险的后果与人类社会的相关性决定了风险的社会性,具有很大的社会影响和人为因素。从伦理的角度讲,主要是考虑风险的社会性,减少或控制人为因素对潜在风险的影响。对已发生的工程风险,工程师应该总结经验,吸取教训,痛定思痛,常抓不懈,警钟长鸣。

建设工程风险分类和分担原则如下所述:

从风险产生的来源看,风险可以分为因自然的不可抗力而造成的风险和由人为因素造成的风险。从风险承担主体看,风险可以分为建设单位风险、承包商风险、设备及材料供应商风险。从风险影响范围看,风险可以分为整体风险和局部风险。从风险的控制程度看,风险可以分为可控制(管理)风险和不可控制(管理)风险。从对项目目标的影响看,风险可以分为工期风险、费用风险、质量风险等。

建设工程风险的分担是风险管理的首要内容,只有明确责任主体才能对风险进行有效管控,一般而言,对于由于自然因素产生的不可抗力风险,各参建主体对发生的风险进行自我管理并承担相应损失后果;对非不可抗力风险,谁承担风险所付出的代价最小就由谁分担该风险。

4.2 建设工程风险的伦理思考

4.2.1 建设工程风险的来源

工程总是伴随着风险,这是由工程本身的性质决定的。建设工程不是天然形成的,而是根据人们的需求,综合应用技术、经济、自然、社会、文化等诸多要素而形成的人造产品,是一个复杂有序的综合体。

(1)技术因素。在建设工程的形成过程中,前期决策、勘察设计、施工、运行等各环节都离不开技术,特别是随着科技的发展,技术对工程的影响越来越大,人们对自然和科学认识的不足,技术应用不当,也会给建设工程带来极大的风险。对于技术给建设工程带来的风险,从工程伦理的角度来讲有不同的观点,一种观点认为技术是中性的,只是工具而已,无关好坏,这种观点与生活中的"按科学规律办事""按图施工"相近似。另一种观点认为,技术负载有价值取向,在建设工程设计、施工、运行等各环节,工程师都应该慎重运用技术,不能抛开社会和环境而单纯地讲技术力量。

(2)外部环境因素。建设工程风险受外部环境的影响主要有气候条件、自然灾害、社会、政治等因素。人为因素对建设工程风险的影响主要包括工程决策、工程设计理念、施工质量、操作人员责任心等方面,涉及面广、隐蔽性强,从工程伦理的角度也是建设工程风险更应该关注的因素。

【案例】北美电网大面积停电事故

美国东部时间 2003 年 8 月 14 日,美国东北部和加拿大联合电网发生大面积停电事故。事故发生的最初 3 分钟内,包括 9 座核电站在内的 21 座电厂停止运行。随后美国和加拿大的 100 多座电厂跳闸,其中包括 22 座核电站,受影响的居民约 5000 万人。整个事故过程的起因不过是位于俄亥俄州的一处线路跳闸,接着便发生了一系列连锁反应:系统发生摇摆和震荡、局部系统电压进一步降低、发电机组跳闸、系统功率缺额增多、电压崩溃、更多发电机和输电线路跳开,从而引起大面积停电。

案例思考:美国东北部地区,是全美工商业最为发达的地区,北美电网大面积停电事故,从表面上看是一起技术事故,但从工程伦理的角度思考,如何认识此起事故背后的人为因素和对公众利益的漠视?

【案例】日本福岛核电站事故

北京时间2011年3月11日13时46分,日本东北海域发生9.0级地震并引发高达10米的强烈海啸,导致东京电力公司下属的福岛核电站一、二、三号运行机组紧急停运,反应堆控制棒插入,机组进入次临界的停堆状态。在后续的事故过程当中,因地震的原因,导致其失去场外交流电源,紧接着因海啸的原因导致其内部应急交流电源(柴油发电机组)失效,从而导致反应堆冷却系统的功能全部丧失并引发事故。

案例思考:日本福岛核电站事故对生态环境造成了极大破坏,在建设工程项目决策、设计、实施过程中,工程师应该从社会、政治、文化、环境等方面考虑工程的安全性。从工程伦理的角度出发,工程师的底线责任是什么?

【案例】"7·23"甬温线特别重大铁路交通事故

2011年7月23日20时30分05秒,甬温线浙江省温州市境内,由北京南站开往福州站的D301次列车与杭州站开往福州南站的D3115次列车发生动车组列车追尾事故,造成40人死亡、172人受伤,中断行车32小时35分,直接经济损失19371.65万元。

2011年7月23日19时30分左右,雷击温州南站沿线铁路牵引供电接触网或附近大地,通过大地的阻性耦合或空间感性耦合在信号电缆上产生浪涌电压,在多次雷击浪涌电压和直流电流共同作用下,LKD2-T1型列控中心设备采集驱动单元采集电路电源回路中的保险管F2(以下简称列控中心保险管F2,额定值250伏、5安培)熔断。熔断前温州南站列控中心管辖区间的轨道无车占用,因温州南站列控中心设备的严重缺陷,导致后续时段实际有车占用时,列控中心设备仍按照熔断前无车占用状态进行控制输出,致使温州南站列控中心设备控制的区间信号机错误升级保持绿灯状态。

经调查认定,导致事故发生的原因是:通号集团所属通号设计院在LKD2-T1型列控中心设备研发中管理混乱,通号集团作为甬温线通信信号集成总承包商履行职责不力,致使为甬温线温州南站提供的LKD2-T1型列控中心设备存在严重设计缺陷和重大安全隐患。铁道部在LKD2-T1型列控中心设备招投标、技术审查、上道使用等方面违规操作、把关不严,致使其在温州南站上道使用。当温州南站列控中心采集驱动单元采集电路电源回路中保险管F2遭雷击熔断后,采集数据不再更新,错误地控制轨道电路发码及信号显示,使行车处于不安全状态。

雷击也造成5829AG轨道电路发送器与列控中心通信故障。使从永嘉站出发驶向温州南站的D3115次列车超速防护系统自动制动,在5829AG区段内停车。由于轨道电路发码异常,导致其三次转目视行车模式起车受阻,7分40秒后才转为目视行车模式以低于20千米/时的速度向温州南站缓慢行驶,未能及时驶出5829AG闭塞分区。因温州南站列控中心未能采集到前行D3115次列车在5829AG区段的占用状态信息,使温州南站列控中心管辖的5829AG闭塞分区及后续两个闭塞分区防护信号错误地显示绿灯,向D301次列车发送无车占用码,导致D301次列车驶向D3115次列车并发生追尾。上海铁路局有关作业人员安全意识不强,在设备故障发生后,未认真正确地履行职责,故障处置工作不得力,未能起到可能避免事故发生或减轻事故损失的作用。经调查认定,"7·23"

甬温线特别重大铁路交通事故是一起因列控中心设备存在严重设计缺陷、上道使用审查把关不严、雷击导致设备故障后应急处置不力等因素造成的责任事故。

[摘自:国家安监总局(现应急管理部)"7·23"甬温线特别重大铁路交通事故调查报告(节选)]

案例思考:根据国家安监总局《"7·23"甬温线特别重大铁路交通事故的调查报告》,该事故是一起重大责任事故,从工程伦理的角度,如何理解其中的作业人员安全意识不强、设施设计缺陷等问题?

从以上案例可以看出,建设工程所出现的风险总会引发一系列伦理问题。关注工程风险,维护工程安全是工程师的底线责任和基本义务。在工程项目实施过程中,工程师应该从社会、政治、文化、环境、全局等方面考虑相关因素,综合个人利益、组织利益和公众利益,减少事故,降低工程风险。

4.2.2 建设工程风险评价的可接受性

由于建设工程的复杂性和各种不确定因素的存在,无论工程规范制定得多么完善和严格,无论工程师有多么认真,仍然不能把风险的概率降为零,也就是说,总会存在一些所谓的"正常事故"和"小事故",但这些"正常事故""小事故"在多种因素影响下会向重大事故转化。因此,在对待工程风险问题上,人们不能奢求绝对的安全,只能把风险控制在人们的可接受范围之内。这就需要对风险的可接受性进行分析,并针对一些不可控的工程风险事先制定相应的预警机制和应急预案。

工程风险可接受性是指人们在生理和心理上对工程风险的承受和容忍程度。可接受性因人而异,即工程风险的可接受性是具有相对性的,如风险专家与普通大众的认识就可能不一样。一种观点认为,较小的工程风险即使发生带来的损失也比较小,但是这种风险的发生概率较大,其累计损失后果也可能比较大,也要引起足够的重视;但是诸如造成"群死群伤"的重大伤亡事故远超出人们心理承受范围,需要尽可能规避。可接受风险既是技术问题,更是伦理问题,它绝非价值中立的,重点关注工程风险可接受性在社会范围的公正问题。

受工程的认知和行为预测的局限性,可接受风险大多属于是"正常事故"和"小事故",但是工程师面对风险时的意识和行为更有可能导致工程师在处理"可接受风险"问题上面临一系列困境。例如,在描述工程的安全程度时,人们通常会使用"很安全""非常安全""绝对安全"等词汇,但是它们之间存在着什么区别呢?除了客观地用量化的方法对安全等级进行划分外,风险的边界是不好区分的,一方面工程师对"可接受风险"心安理得,另一方面又"司空见惯""习以为常",无形中增加了工程风险隐患,而在事故发生前却没有必要的敏感和充分的认知。因此,工程师必须保证正确对待"可接受风险",不能因为"麻痹大意"而丧失了必要的工程风险意识。

在网络高度发达的今天,公众和媒体的监督无处不在,"正常事故""小事故"也可能引发一系列争议,本来由风险专家界定的可接受的风险,在公众的舆论作用下,可能会持续发酵,使工程师处于技术和伦理之间进退两难的局面。因此,工程师要对建设工程可接受风险有清醒的认识和心理准备,保持高度的风险意识,尽可能降低各类风险发生概率和损失后果。

4.2.3　建设工程风险的伦理评价原则

有关工程风险的评价,这一命题不仅仅是一个纯粹的工程问题,不是仅仅思考"多大程度的安全是足够安全的"就可以了。事实上,工程风险的评价还牵涉社会伦理问题。工程风险评价的核心问题是"工程风险在多大程度上是可接受的",这本身就是一个伦理问题,其核心是工程风险可接受性在社会范围的公正问题。因此,有必要从伦理学的角度对工程风险进行评价。

(1)坚持"以人为本"的原则。"以人为本"的风险评价原则意味着在风险评价中要体现"人不是手段而是目的"的伦理思想,充分保障人的安全、健康和全面发展,避免狭隘的功利主义。重视公众对风险信息的及时了解,尊重当事人的"知情同意"权。

(2)全局意识和整体利益的原则。任何一项建设工程活动都是在特定的条件和社会环境下进行的,既要考虑工程对自然环境的影响,又要考虑对公众利益的影响。因此,在工程风险的伦理评价中要有全局意识,重视整体利益,不能以狭隘的眼光和自私的角度超然、孤立地看待建设工程项目。

(3)制度约束的原则。首先,建立健全的工程建设监管体系;其次,建立并落实责任追究制度;最后,广泛接受公众的监督。

【案例】厦门 PX 项目事件

厦门 PX 项目事件即 2007 年福建省厦门市对海沧半岛计划兴建的对二甲苯(PX)项目所进行的抗议事件。该项目由台资企业腾龙芳烃(厦门)有限公司投资,将在海沧区兴建的计划年产 80 万吨对二甲苯(PX)的化工厂。腾龙芳烃(厦门)有限公司由富能控股有限公司和华利财务有限公司共同组建。厂址设在厦门市海沧投资区的南部工业园区。该项目已经被纳入中国"十一五"对二甲苯产业规划。

该项目自立项以来,遭到了越来越多人士的质疑。因为厦门 PX 项目中心地区距离国家级风景名胜区鼓浪屿只有 7 公里,距离厦门外国语学校和北师大厦门海沧附属学校仅 4 千米。不仅如此,项目 5 千米半径范围内的海沧区人口超过 10 万,居民区与厂区最近处不足 1.5 千米;而项目 10 千米半径范围内,覆盖了大部分九龙江河口区,整个厦门西海域及厦门本岛的 1/5。而项目的专用码头,就在厦门海洋珍稀物种国家级自然保护区,该保护区的珍稀物种包括中华白海豚、白鹭、文昌鱼。

由于担心化工厂建成后危及民众健康,该项目遭到百名政协委员联名反对,市民集体抵制,直到厦门市政府宣布暂停工程,PX 事件的进展牵动着公众眼球。后来,厦门 PX 项目迁址漳州古雷,成为政府和民众互动的经典范例。

在事件全程中,体现了厦门市民强烈的公共精神。厦门地方政府在十字路口最终选择向民意靠拢而不是与民意对抗,在项目选址和建设期间坚持"以人为本"的原则,降低了工程存在风险隐患。

案例思考:在厦门 PX 项目事件中,社会公众发挥了积极作用,从工程伦理的角度,对于大型建设工程,如何理解和应用社会公众的监督?

4.2.4　建设工程风险的伦理评价程序

建设工程风险的伦理评价离不开评价主体,评价主体在工程风险的伦理评价中处于核心地位,发挥着主导作用,决定着伦理评价结果的客观有效性和社会公信力。工程风险的伦理评价主体可分为内部评价主体和外部评价主体。内部评价主体指参与建设工程前期决策、勘察设计、施工、监督管理、材料和设备供应、使用的主体;外部评价主体指工程主体以外的组织和个人,主要包括专家学者、民间社团、公众传媒和社会民众。

建设工程风险伦理评价的程序主要包括以下几个步骤:

第一步,公开工程建设相关信息。随着现代工程的日益专业化,专业工程师对工程信息的传播起到非常重要的作用,信息公开有以下内容:①专业工程师将工程风险信息客观地传达给公众和媒体,媒体应该实事求是地传播相关信息,正确引导社会公众监督,传播正能量;社会公众应该理性看待建设工程风险,从全局性、社会公众利益至上的角度监督工程。②专业工程师将建设工程风险的相关信息客观、准确地汇报给决策者或相关领导,以便领导或决策者能科学地制定方案。决策者应该尽可能地使工程风险管理目标保持公正,认真听取公众的呼声,组织各方就风险的界定和防范达成共识。

第二步,确定利益相关方。通常,建设工程的直接参与方主要有建设单位、施工单位、监理单位、勘察设计单位、材料和设备供应商、分包商等,此外还有政府的监督部门、供水供电部门、当地居民等。利益相关方的确定是一个复杂、反复的过程,只有利益相关方确定准确,工程风险评价才能客观公正进行。对于同一个工程项目,利益相关方的利害关系不同,所面临的收益和承担的义务也不同,必要时可以邀请社会公众或专家学者参与风险听证会。

第三步,坚持民主原则。针对建设工程风险的论证和对话时,必须坚持民主原则,要让具有不同伦理关切的利益相关者充分表达他们的意见,发表他们的合理诉求;由于利益相关方的利益关注点对风险的认知不同,通过各方的发言能保证工程决策的合理性和科学性。此外,由于各方对工程风险的认知在协商和对话过程中也会逐渐提升和清晰,因此,对建设工程风险的认识和防范可能需要多次对话才能解决。

4.3　案例分析

圆明园湖底防渗事件

从 2003 年 8 月开始,圆明园进行大规模环境整治工程。2005 年 2 月,圆明园湖底防渗工程开工。3 月 22 日,在北京开会的兰州大学客座教授张正春在圆明园游览时,发现了圆明园的湖底都铺上了防渗膜,张教授认为这项工程会破坏圆明园的生态环境,于是将此事公之于众,引起了社会各界的强烈反应。此后越来越多的生态专家和环保人士对工程提出质疑。在此期间,防渗工程仍在继续,并且已经接近尾声。

由于这项工程在开工前没有向国家环保总局(现生态环境部,下同)递交环境影响评价报告,4 月 1 日,国家环保总局正式通知圆明园停工,依法补办有关审批手续。

国家环保总局有关负责人向新闻界通报,国家环保总局于 2005 年 7 月 5 日组织各方专家对清华大学的环评报告书进行了认真审查,同意该报告书的结论,要求圆明园东部湖底防渗工程必须进行全面整改。

负责人指出,圆明园东部湖底防渗工程因未批先建违反《中华人民共和国环境影响评价法》而被叫停后,圆明园管理处委托清华大学等单位对其进行了环境影响评价。国家环保总局对日前提交的环境影响报告书进行了认真的技术评估和审查,认为该报告书的结论是实事求是的。为防止生态系统的持续退化,在北京市水资源严重短缺、地下水不断下降的情况下,圆明园确有必要采取综合的节水与补水措施,以防止湖水的过度渗漏。但由于该工程是在重要的人文遗迹内实施,且事先未进行环境影响评价,缺少对湖底防渗工程合理性的充分论证,没有对各湖体的地质条件和环境影响等进行深入研究,因而未能选择更加适宜的防渗方式,铺设防渗膜阻碍了天然地层中地下水的下渗过程。在有限水量补给条件下,容易在防渗膜上部的底泥中出现营养物质和盐分的积累,加大了水质恶化的风险。东部防渗工程的水体受总氮含量、总磷含量的影响较为显著,如不能保证适当的水体交换量,有可能导致湖水污染。

尽管防渗膜目前并未被证明有毒性,但天然防渗方法显然比铺设防渗膜符合生态要求。在湖底与湖岸边大面积铺设防渗膜虽然能够形成并维持较大的水域景观,能在短期内使水生生物得以恢复,但由于阻碍了水体交换和侧渗补给,将会对湖底和湖岸边的植物生长产生负面影响。同时,由于在工程建设过程中缺乏有效的保护措施,造成了水生生态系统的严重破坏。因此,该工程大面积铺设防渗膜是不科学的,也是不应提倡的,必须进行全面整改。

整改措施需要结合当地的地质条件、节水要求和环境影响等多种因素,实事求是地考虑工程的短期影响和长期效果,统筹计算其环境、经济和社会成本。第一,对圆明园东部尚未实施湖底防渗工程的区域,不再铺设防渗膜,全面采取天然黏土防渗;第二,绮春园除入水口外,已铺的防渗膜应全部拆除,回填黏土和原湖底的底泥,湖岸边不能再铺设侧防渗膜;第三,长春园湖底高于40.7米的区域要立即拆除防渗膜,回填黏土,湖岸边也不能再铺设侧防渗膜;第四,对福海已经铺设的防渗膜进行全面改造。以砂石为主的回填区域,要去除掉表层的沙土,铺设上天然黏土,原湖底的淤泥土要全部回填。除码头周边10米区域外,其余区域的驳岸应拆除侧防渗膜以保证充分的侧渗补给。同时,为维持圆明园内水域的生态系统功能需要,必须统筹规划园内用水,增加来水量,尽可能利用中水,保证来水的水质,园内的水体质量也要严加保护防止污染。

圆明园遗址公园记录中华民族的沧桑历史,具有重大的生态、人文、社会价值。国家环保总局叫停圆明园防渗工程后受到社会各界的高度关注,该工程从叫停到听证、环评、评审直至决策的全过程,国家环保总局都依法向社会公开,希望能借此推进环境决策民主化的进程。提供一个重要而公正的平台,使公众的各种意见和建议能得以广泛而深入的交流。通过一种透明而公开的形式,使政府的执政行为能随时接受公众与舆论的监督,有利于提高我们科学决策、民主决策、依法决策的执政水平。环保事业不是少数人的事业,是全民的事业,需要全社会的共同行动。公众对圆明园工程自始至终也积极参与,说明可持续发展理念正在日益深入人心,对大幅度提高全社会尊重自然规律的认识水平,促进人与自然、人与人、人与社会的和谐,构建社会主义和谐社会具有重要的价值。

[摘自：中华人民共和国生态环境部，http://www.mee.gov.cn/gkml/sthjbgw/qt/200910/t20091023_179931.htm（节选）]

案例思考：根据圆明园湖底防渗事件，如何理解建设工程风险的伦理评价程序？在建设项目的听证、环评、评审直至决策的全过程，如何处理部门利益与社会公众利益？

4.4　小结

从加拿大魁北克大桥坍塌事故引导出建设工程风险和伦理责任。建设工程规模越大、工程技术越复杂，工程风险也越多，工程师应正确认识和掌握工程风险，并能从伦理角度识别工程风险，有助于提高工程质量和效益，减少工程事故和灾难的发生。在论述风险的概念、构成要素、分类和性质的基础上，介绍了建设工程风险的广义和狭义概念、特征、分类和分担原则；结合北美电网大面积停电事故、日本福岛核电站事故、"7·23"甬温线特别重大铁路交通事故从技术、经济、自然、社会、文化等诸多要素分析了建设工程风险的来源；在对待工程风险问题上，人们不能奢求绝对的安全，只能把风险控制在人们的可接受范围之内，通过介绍建设工程风险评价的可接受性，指出工程师要对建设工程可接受风险有清醒的认识和心理准备，保持高度的风险意识，尽可能降低各类风险发生概率和损失后果。建设工程风险的伦理评价原则要坚持坚持"以人为本"的原则、全局意识和整体利益的原则、制度约束的原则；建设工程风险的伦理评价程序主要包括公开工程建设相关信息、确定利益相关方。坚持民主原则等几个步骤。

思考题

1.随着巨型工程的不断增大，建造工程所需要的技术日趋复杂。请问工程技术的飞速发展对于工程风险将产生哪些重要影响？

2.很多可以看似归结于工程技术方面的问题，实际上往往是伦理问题。如果工程师不具备伦理问题意识，极有可能在风险管理时张冠李戴。请问，企业应当如何借助工程实践帮助工程师提升伦理敏感性？

3.工程师对待风险的态度，在一定程度上决定了工程是否处于安全可控的范围之内。请问工程师对于风险的不同偏好，是如何影响风险管理措施实施的？

4.3D打印、工业机器人、智慧工地、BIM技术等新生事物的层出不穷，会给工程的风险管理带来哪些新的变化？

5 建设工程相关法律制度与道德伦理

【引例】湖南凤凰沱江大桥重大坍塌事故

湖南凤凰沱江大桥堤溪段是湖南省凤凰县至大兴机场二级路的公路桥梁,为双向二车道设计。大桥总投资1 200万元,桥长328米,跨度为4孔,每孔65米,高度42米。此桥属于大型桥梁,于2003年动工兴建,计划2007年8月底竣工。2007年8月13日下午4点40分,大桥正进入最后的拆除脚手架阶段,突然,大桥的四个桥拱横向次第倒塌。经过123小时的现场清理和搜救工作,到8月18日晚,现场清理工作结束,152名涉险人员中88人生还,其中22人受伤,64人遇难。直接经济损失3 974.7万元。

经过详细的事故调查,国务院于2007年12月25日公布事故调查结果:24人移送司法机关,32人受纪律处分;湘西自治州原州长杜某某因该事故等问题被省纪委立案调查。

事故调查组对堤溪段沱江大桥进行了原设计和坍塌阶段结构平行检算,结果表明,原设计的主拱圈和桥墩其强度和刚度能满足规范要求,原设计的结构布置、结构尺寸、选用材料较为合理,设计的施工工序基本可行,但营运期间拱圈安全储备偏低。

地质勘察表明,堤溪沱江大桥桥墩、桥台未见位移发生,导致大桥坍塌的直接原因是主拱圈砌筑材料未达到规范和设计要求,上部构造施工工序不合理,主拱圈砌筑质量差,拱圈砌体的整体性和强度降低。随着拱上施工荷载的不断增加,造成1号孔主拱圈最薄弱部位强度达到破坏极限而坍塌,受连拱效应影响,整个大桥迅速坍塌。

有关主管部门和监管部门及地方政府未认真履行职责,疏于监督管理,没有及时发现和解决工程建设中存在的质量和安全隐患问题等,是造成事故的间接原因。施工单位严重违反有关桥梁建设的法规标准,擅自变更原主拱圈施工方案,违规乱用料石,主拱圈施工不符合规范要求,在主拱圈未达到设计强度的情况下就开始落架施工作业;建设单位对发现的施工质量不合规范、施工材料不合要求等问题未认真督促施工单位整改,未经设计单位同意,擅自与施工单位变更原主拱圈设计施工方案,盲目倒排工期赶进度,越权指挥,甚至要求监理不要上桥检查;监理单位未能依法履行工程监理职责,对施工单位擅自变更原主拱圈施工方案未予以制止,在主拱圈施工关键阶段投入监理力量不足,对发现的主拱圈施工质量问题督促整改不力,在主拱圈砌筑完成但拱圈强度资料尚未测出的情况下即签字验收合格;勘察设计单位违规将地质勘察项目分包给个人,设计深度不够,现场服务和设计交底不到位。

案例思考:当前,我国的工程行业推行工程责任终身制,作为一名在校生,通过这个案例,你怎么认识当代工程人的责任感和使命感?

5.1 我国工程相关法律制度

工程建设法规是指国家权力机关或其授权的行政机关制定的,由国家强制力保证实施的,调整国家及其有关机构、企事业单位、社会团体、公民之间在建设活动中或建设行政管理活动中发生的各种社会关系的法律规范的统称。

5.1.1 我国建设法律的体系

(1)法律。由全国人大及其常委会制定,通常以国家主席令的形式向社会公布,具有国家强制力和普遍约束力,一般以法、决议、决定、条例、办法、规定等为名称。如《中华人民共和国建筑法》《中华人民共和国招标投标法》《中华人民共和国政府采购法》《中华人民共和国安全生产法》等。

(2)法规,包括行政法规和地方性法规。行政法规,由国务院制定,通常由总理签署国务院令公布,一般以条例、规定、办法、实施细则等为名称。如《建设工程质量管理条例》《建设工程勘察设计管理条例》。

地方性法规,由省、自治区、直辖市及较大的市(省、自治区政府所在地的市,经济特区所在地的市,经国务院批准的较大的市)的人大及其常委会制定,通常以地方人大公告的方式公布,一般使用条例、实施办法等名称,如《河南省建筑市场管理条例》。

(3)规章,包括国务院部门规章和地方政府规章。国务院部门规章,是指国务院所属的部、委、局和具有行政管理职责的直属机构制定,通常以部委令的形式公布,一般以办法、规定等为名称。如《建筑业企业资质管理规定》《工程建设项目招标代理机构资格认定办法》等。

地方政府规章,由省、自治区、直辖市、省及自治区政府所在地的市、经国务院批准的较大的市的政府制定,通常以地方人民政府令的形式发布,一般以规定、办法等为名称。如《河南省政府投资管理办法》《河南省铁路安全管理规定》。

(4)行政规范性文件。各级政府及其所属部门和派出机关在其职权范围内,依据法律、法规和规章制定的具有普遍约束力的具体规定。如《国务院办公厅印发国务院有关部门实施招标投标活动行政监督的职责分工意见的通知》。

5.1.2 中华人民共和国建筑法

《中华人民共和国建筑法》(以下简称《建筑法》)于1997年11月1日第八届全国人大常委会第二十八次会议通过,自1998年3月1日起施行;2011年4月22日第十一届全国人大常委会第二十次会议《关于修改〈中华人民共和国建筑法〉的决定》,对《中华人民共和国建筑法》第一次修正;2019年4月23日第十三届全国人民代表大会常务委员会第十次会议通过的《关于修改〈中华人民共和国建筑法〉等八部法律的决定》,对《中华人民共和国建筑法》第二次修正。

《建筑法》分总则、建筑许可、建筑工程发包与承包、建筑工程监理、建筑安全生产管理、建筑工程质量管理、法律责任、附则等八章,八十五条。

《建筑法》作为国家颁布的一部建筑方面的母法,自颁布之日起结束了我国建筑行业无法可依的状况,之后,相继出台的《中华人民共和国招标投标法》《建设工程质量管理条例》等其他法律文件,从司法的角度来看,都属于围绕《建筑法》派生出来的系列子法典。因此,在我国建设领域,《建筑法》的立法和司法地位都是极高的。

《建筑法》调整的对象是"在中华人民共和国境内从事建筑活动,实施对建筑活动的监督管理,应当遵守本法。本法所称建筑活动,是指各类房屋建筑及其附属设施的建造和与其配套的线路、管道、设备的安装活动"。调整对象不包括"依法核定作为文物保护的纪念建筑物和古建筑等的修缮""抢险救灾及其他临时性房屋建筑和农民自建低层住宅""军用房屋建筑工程"。

《建筑法》的基本原则包括:建筑活动应当确保建筑工程质量和安全,符合国家的建筑工程安全标准;国家扶持建筑业的发展,支持建筑科学技术研究,提高房屋建筑设计水平,鼓励节约能源和保护环境,提倡采用先进技术、先进设备、先进工艺、新型建筑材料和现代管理方式;从事建筑活动应当遵守法律、法规,不得损害社会公共利益和他人的合法权益。

5.1.3 中华人民共和国招标投标法

《中华人民共和国招标投标法》是第九届全国人大常委会于 1999 年 8 月 30 日第十一次会议审议通过,2000 年 1 月 1 日正式施行;2017 年 12 月 27 日,第十二届全国人民代表大会常务委员会第三十一次会议通过了《关于修改〈中华人民共和国招标投标法〉〈中华人民共和国计量法〉的决定》,对《中华人民共和国招标投标法》进行了局部修正。这是我国社会主义市场经济法律体系中一部非常重要的法律,是招标投标领域的基本法律。

《中华人民共和国招标投标法》共六章,六十八条。第一章总则,规定了立法宗旨、适用范围、必须招标的范围、招标投标活动应遵循的基本原则以及对招标投标活动的监督;第二章招标,具体规定了招标人的定义,招标项目的条件,招标方式,招标代理机构的地位、成立条件和资格认定,招标公告和投标邀请书的发布,对潜在投标人的资格审查,招标文件的编制、澄清或修改等内容;第三章投标,具体规定了参加投标的基本条件和要求,投标人编制投标文件应当遵循的原则和要求,联合体投标,以及投标文件的递交、修改和撤回程序等内容;第四章开标、评标和中标,具体规定了开标、评标和中标环节的行为规则和时限要求等内容;第五章法律责任,规定了违反招标投标基本程序的行为规则和时限要求应承担的法律责任;第六章附则,规定了例外适用情形以及生效日期。

5.1.4 建设工程质量管理法律制度

建筑工程质量直接关系国民经济的发展和人民生命财产的安全,我国非常重视建筑工程质量问题,《建筑法》颁布的第一个配套行政法规就是《建设工程质量管理条例》,它是 2000 年 1 月 30 日公布并施行的,共九章八十二条;根据 2017 年 10 月 7 日中华人民共和国国务院令第 687 号《国务院关于修改部分行政法规的决定》修订。根据 2019 年 4 月 23 日国务院令第 714 号《建设工程质量管理条例》部分条款予以修改。

《建设工程质量管理条例》调整的是建设工程质量责任主体包括建设单位、勘察单位、设计单位、施工单位和监理单位。

《建设工程质量管理条例》授权县级以上人民政府建设行政主管部门和其他有关部门对建设工程质量进行监督管理。勘察单位、设计单位、施工单位、工程监理单位应该取得资质证书,在资格证书允许范围内承揽工程,并应依据国家的法律法规、技术标准和强制性规范进行工作。

　　《建设工程质量管理条例》规定:建设工程发生质量事故,有关单位应当在24小时内向当地建设行政主管部门和其他有关部门报告。对重大质量事故,事故发生地的建设行政主管部门和其他有关部门应当按照事故类别和等级向当地人民政府和上级建设行政主管部门及其他有关部门报告。特别重大质量事故的调查程序按照国务院有关规定办理。

　　发生重大工程质量事故隐瞒不报、谎报或者拖延报告期限的,对直接负责的主管人员和其他责任人员依法给予行政处分。

　　《建设工程质量管理条例》规定:任何单位和个人对建设工程的质量事故、质量缺陷都有权检举、控告、投诉。

　　"谁建设,谁负责"的原则,实行工程质量责任终身制,对工程建设、项目法人及设计、施工、监理、质量监督、竣工验收等各方主体,分别建立责任人档案,如工程建设期间发生责任人变动,及时进行工序签证,办理责任人变更手续,让工程质量责任档案与责任人相伴终身,从源头上建立了确保建设质量的安全保障体系。2014年8月25日,住房和城乡建设部印发了《项目负责人质量终身责任追究暂行办法》(建质〔2014〕124号,以下简称《暂行办法》)。该办法共二十二条,规定了责任主体、责任期限、质量终身责任的落实方式,项目负责人的法律责任等问题。根据该办法规定,凡参与市政工程施工、监理、建设的单位,必须对工程质量进行终身负责,无论何时出现重大工程质量事故,不管当时项目负责人调到哪里工作,担任什么职务,都要追究相应的责任,绝不姑息。

　　根据《暂行办法》第二条、第三条,项目负责人质量终身责任是指参与新建、扩建、改建的建筑工程项目负责人按照国家法律法规和有关规定,在工程设计使用年限内对工程质量承担相应责任,建筑工程五方责任主体项目负责人是指承担建筑工程项目建设的建设单位项目负责人、勘察单位项目负责人、设计单位项目负责人、施工单位项目经理、监理单位总监理工程师。

　　《暂行办法》第六条规定,符合下列情形之一的,县级以上地方人民政府住房和城乡建设主管部门应当依法追究项目负责人的质量终身责任:(一)发生工程质量事故;(二)发生投诉、举报、群体性事件、媒体报道并造成恶劣社会影响的严重工程质量问题;(三)由于勘察、设计或施工原因造成尚在设计使用年限内的建筑工程不能正常使用;(四)存在其他需追究责任的违法违规行为。

　　《暂行办法》第八条、第九条、第十条认定了落实项目负责人质量终身责任的三项制度,即书面承诺制度、永久性标牌制度和信息档案制度。书面承诺制度,指要求建筑工程开工建设前,建设、勘察、设计、施工、监理单位法定代表人应当签署授权书,明确本单位项目负责人。项目负责人应当在办理工程质量监督手续前签署工程质量终身责任承诺书,连同法定代表人授权书,报工程质量监督机构备案。永久性标牌制度,指建筑工程竣工验收合格后,建设单位应当在建筑物明显部位设置永久性标牌,载明建设、勘察、设计、施工、监理单位名称和项目负责人姓名,以便加强社会监督,增强社会责任感。信息档案制度,指建设单位应当建立建筑工程各方主体项目负责人质量终身责任信息档案,工程竣工验收合格后移交城建档案管理部门统一管理和保存,以利于工程出现质量问题后,能够及时、准确地找到具体责任人,追究相关责任。

《暂行办法》第十一条、第十二条、第十三条、第十四条、第十五条,项目负责人的法律责任包括行政责任、执业责任、刑事责任、经济责任和诚信责任。行政责任,指建设单位项目负责人为国家公职人员的,将其违法违规行为告知其上级主管部门及纪检监察机关,并建议对项目负责人给予相应的行政、纪律处分。执业责任,指对项目负责人处以暂停执业、吊销执业资格、终身不予注册等处罚。刑事责任,指将构成犯罪的项目负责人移送司法机关依法追究刑事责任。经济责任,指对项目负责人处单位罚款数额 5% 以上 10% 以下的罚款。诚信责任,指将项目负责人不良行为向社会曝光,将其违法违规等不良行为及处罚结果记入个人信用档案,给予信用惩戒。

5.1.5　建设工程安全生产法律制度

工程建设的安全生产是工程建设管理的一项重要内容。"管生产的必须管安全,谁主管谁负责"是工程建设安全管理的重要原则,建筑安全生产必须坚持"安全第一,预防为主"的基本方针,建立健全安全生产责任制度和群防群治制度。

《中华人民共和国安全生产法》是为了加强安全生产工作,防止和减少生产安全事故,保障人民群众生命和财产安全,促进经济社会持续健康发展。《中华人民共和国安全生产法》2014 年 12 月 1 日开始实施。2020 年 11 月 25 日,国务院总理李克强主持召开国务院常务会议,确定完善失信约束制度、健全社会信用体系的措施,为发展社会主义市场经济提供支撑;通过《中华人民共和国安全生产法(修正草案)》;根据 2021 年 6 月 10 日第十三届全国人民代表大会常务委员会第二十九次会议《关于修改〈中华人民共和国安全生产法〉的决定》第三次修正。

《建设工程安全生产管理条例》是 2003 年 11 月 12 日国务院第 28 次常务会议通过,2003 年 11 月 24 日以第 393 号国务院令予以公布,自 2004 年 2 月 1 日起施行。它是我国新中国成立以来第一部关于建筑安全生产管理的行政法规。

2014 年 7 月发布的《安全生产许可证条例》规定,国家对矿山企业、建筑施工企业和危险化学品、烟花爆竹、民用爆炸物品生产企业(以下统称企业)实行安全生产许可制度。企业未取得安全生产许可证的,不得从事生产活动。省、自治区、直辖市人民政府建设主管部门负责建筑施工企业安全生产许可证的颁发和管理,并接受国务院建设主管部门的指导和监督。

5.2　法律与职业道德

5.2.1　法律与职业道德的区别

(1)法律与职业道德产生的条件不同。法律是掌握政权的阶级运用国家权力,由国家机关依照法定程序制定或认可的,是上升为国家意志的统治阶级意志,带有自觉性的特点;职业道德是人们在共同的物质生产和生活中逐渐自发养成的,一般无须专门机构和人员来颁布制定。

(2)法律与职业道德的规范内容不尽相同。法律规范的内容主要是权利与义务,而且这种权利和义务是相对应的;职业道德对人们的要求比法律要高,它要追究人们的行为的动机是否善良,强调对他人、对社会集体履行义务。

(3)法律与职业道德的表现形式不同。法律主要表现为有关国家机关制定的各种规范性文件;而职业道德则存在于人们的意识和社会舆论之中。

(4)法律与职业道德的调整范围不同。法律所调整的是关系着根本的、重要的利益并且需要用国家权力干预、保证的社会关系;职业道德调整的范围要比法律调整的范围广泛得多。

(5)法律与职业道德实施的方式和手段不同。法律的实施要求依靠国家的强制力保证;而职业道德的实施主要凭借社会舆论和教育的力量,依靠人们的觉悟,依靠社会团体,还要依靠行为人的内心自我强制。

5.2.2 法律与职业道德的联系

法律与职业道德都属于上层建筑,都是为一定的经济基础服务的,他们是两种重要的社会调控手段,两者相辅相成、相互促进,相互推动。对法律与职业道德的联系问题,主要有两派观点:实证主义法学认为法律是国家的主权者的命令,是一个"封闭的逻辑体系",法律与职业道德之间、"实然的法"与"应然的法"之间没有必然的联系;自然法学,认为只有体现职业道德的法律才是具有法律品质的法律。中国不同于其他国家,有自己的特殊国情,法律与职业道德的关系也有特定含义和理解。结合我国的国情,法律与职业道德的联系如下:

(1)法律是传播职业道德的有效手段。职业道德可分为两类:第一类是社会有序化要求的道德,即社会要维系下去所必不可少的"最低限度的道德",如不得暴力伤害他人、不得用欺诈手段谋取权益、不得危害公共安全等;第二类包括那些有助于提高生活质量、增进人与人之间紧密关系的原则,如博爱、无私等。其中,第一类职业道德通常上升为法律,通过制裁或奖励的方法得以推行。而第二类职业道德是较高要求的道德,一般不宜转化为法律,否则就会混淆法律与职业道德,结果是"法将不法,德将不德"。法律的实施,本身就是一个惩恶扬善的过程,不但有助于人们法律意识的形成,还有助于人们道德的培养。因为法律作为一种国家评价,对于提倡什么、反对什么,有一个统一的标准;而法律所包含的评价标准与大多数公民最基本的道德信念是一致或接近的,法律的实施对社会道德的形成和普及起了重大作用。

(2)职业道德是法律的评价标准和推动力量,是法律的有益补充。

第一,法律应包含最低限度的道德。没有道德基础的法律,是一种"恶法",是无法获得人们的尊重和自觉遵守的。第二,职业道德对法律的实施有保障作用。"徒善不足以为政,徒法不足以自行"。执法者的职业道德的提高,守法者的法律意识、道德观念的加强,都对法律的实施起着积极的作用。第三,道德对法律有补充作用。有些不宜由法律调整的,或本应由法律调整但因立法的滞后而尚"无法可依"的,道德调整就起了补充作用。

(3)职业道德与法律两者虽都具有约束作用,但其本质区别在于主动和被动,职业道德是人内心的约束人们不去做什么,而法律则是被动的约束人们不要去做什么。社会离不开法律的,法律可以约束我们的一言一行,一举一动。法律具有规范人们行为的作用,具有协调人与人之间的关系,解决人与人之间的纠纷或矛盾作用,具有制裁违法犯罪行为,并保护公民合法权益的作用。

法律属于制度的范畴,职业道德则属于社会意识形态的范畴。法律规范的内容主要是权利与义务,强调两者的衡态;职业道德强调对他人、对社会集体履行义务,承担责任。法律规范的结构是假定、处理和制裁或者说是行为模式和法律后果;而道德规范并没有具体的制裁措施或者法律后果。法律由国家的强制力保证实施;而职业道德主要凭借社会舆论、人们的内心观念、宣传教育以及公共谴责等诸手段。法律是按照特定的程序制定的,主要表现为有关国家机关制定的各种规范性文件,或者是特殊判例;而道德通常是潜移默化的。法律必然要经历一个从产生到消亡的过程,它最终将被道德所取代,人们将凭借自我道德观念来实施自我行为。

综上,法律与职业道德是相互区别的,不能相互替代、混为一谈,也不可偏废,所以单一的法治模式或单一的德治模式不免有缺陷;同时,法律与职业道德又是相互联系的,在功能上是互补的,都是社会调控的重要手段。

【案例】天津港"8·12"特大火灾爆炸事故的伦理思考

2015 年 8 月 12 日 22 时 51 分 46 秒,某某公司危险品仓库起火。

2015 年 8 月 12 日 22 时 52 分,天津市公安局 110 指挥中心接到瑞海公司火灾报警,立即转警给天津港公安局消防支队;天津港公安局消防四大队首先到场。

2015 年 8 月 12 日 23 时 34 分 06 秒发生第一次爆炸,相当于 15 吨 TNT;发生爆炸的是集装箱内的易燃易爆物品。现场火光冲天,在强烈爆炸声后,高数十米的灰白色蘑菇云瞬间腾起。随后爆炸点上空被火光染红,现场附近火焰四溅。

2015 年 8 月 12 日 23 时 34 分 37 秒,发生第二次更剧烈的爆炸,相当于 430 吨 TNT。

截至 2015 年 8 月 13 日早 8 点,距离爆炸已经有 8 个多小时,大火仍未完全扑灭。因为需要沙土掩埋灭火,需要很长时间;事故现场形成 6 处大火点及数十个小火点。

2015 年 8 月 14 日 16 时 40 分,现场明火被扑灭。

天津港某某国际物流有限公司危险品仓库发生特别重大火灾爆炸事故,造成 173 人遇难(含 8 位被宣告死亡的失联者),直接经济损失高达 68.66 亿元人民币。

2016 年 2 月 5 日,国务院批复了 8·12 天津滨海新区爆炸事故调查报告。调查组查明,最终认定事故直接原因是:某某公司危险品仓库运抵区南侧集装箱内的硝化棉由于湿润剂散失出现局部干燥,在高温(天气)等因素的作用下加速分解放热,积热自燃,引起相邻集装箱内的硝化棉和其他危险化学品长时间大面积燃烧,导致堆放于运抵区的硝酸铵等危险化学品发生爆炸;某某公司严重违反有关法律法规,是造成事故发生的主体责任单位。该公司无视安全生产主体责任,严重违反天津市城市总体规划和滨海新区控制性详细规划,违法建设危险货物堆场,违法经营、违规储存危险货物,安全管理极其混乱,安全隐患长期存在;有关地方党委、政府和部门存在有法不依、执法不严、监管不力、履职不到位等问题。天津交通、港口、海关、安监、规划和国土、市场和质检、海事、公安以及滨海新区环保、行政审批等部门单位,未认真贯彻落实有关法律法规,未认真履行职责,违法违规进行行政许可和项目审查,日常监管严重缺失;有些负责人和工作人员贪赃枉法、滥用职权;天津市委、市政府和滨海新区区委、区政府未全面贯彻落实有关法律法规,对有关部门、单位违反城市规划行为和在安全生产管理方面存在的问题失察失管;交通运输部作为港口危险货物监管主管部门,未依照法定职责对港口危险货物安全管理督促检查,对天津交通运输系统工作指导不到位;海关总署督促指导天津海关工作不到位。有关中介及技术服务机构弄虚作假,违法违规进行安全审查、评价和验收等。

某某公司特大火灾爆炸事故是一起典型的生产安全责任事故,事故的发生暴露出企业、政府、中介服务机构等在安全生产工作中存在的各种问题,也凸显出目前我国工程伦理教育的严重缺位。世界上不存在与伦理无关的工程,随着工程对人类社会和自然环境的影响日趋加深,工程实践中的伦理问题日益突出,对传统的工程教育提出了严峻挑战,因此工程伦理教育也越发显得重要。

事故原因探讨是工程共同体的伦理缺失。工程共同体指在工程活动中,为实现相同目标而组成的层次多样、分工合作、利益多元的复杂虚拟组织,包括投资者、工程师、工人、管理者、中介服务机构及其他利益群体。绝大多数事故的发生与工程共同体的各方都存在一定的关系,"8·12"特大火灾爆炸事故的发生,反映出了共同体各方在工程决策规划、审批监管、设计运营、技术服务等不同环节都存在着各种违法违规行为。工程共同体在工程活动中丧失了安全伦理、环境伦理、社会伦理,导致该起事故造成了大量人员伤亡、环境破坏以及社会恐慌,国内外影响极其恶劣。

(1)决策和规划的问题

企业在做出决策前,应充分考虑自身所承担的社会责任及项目建设运营对安全、环境和社会的影响,绝不能只顾经济利益。某某公司在未取得立项备案、规划许可、安评审批、环评审批、施工许可等必需的手续情况下,就决定在政府早已规划好的物流用地区域立项危险货物堆场改造项目,是一种典型的工程伦理意识缺失行为。在城市规划管理方面,滨海新区控制性详细规划中瑞海公司危险品堆场改造项目所在地块属于物流用地,而非危险品仓库用地,但天津规划局对违法违规的项目规划许可工作失察,且未纠正规划中存在的各种问题;滨海新区规划和国土资源管理局也严重违反了天津市总体规划和滨海新区控制性详细规划。这些政府部门在规划管理上的作用失效,从本质上表现出工程伦理的丧失。

(2)设计问题

天津某某设计院在该项目设计中违反相关规划,在某某公司没有提供项目批准文件和规划许可文件的情况下,违规提供施工设计图文件;并错误设计在重箱区露天堆放第五类 氧化物质硝酸铵和第六类毒性物质氰化钠;火灾爆炸事故发生后,该院还组织有关人员违规修改原设计图纸。该院及设计工程师在从事设计技术服务中,没有主动承担起社会责任 和伦理道德,为了自身利益对社会大众造成了严重危害。

(3)审批监管、中介服务的问题

政府审批监管职能若不能正常发挥,则会不同程度地影响到工程质量、安全、进度、环境等目标。在瑞海公司不符合条件的情况下获得相关资质并进行违法违规 运营的过程中,天津交通运输委员会、海关系统、安监部门、规划和国土资源部门、公安部门、环保部门等存在玩忽职守、滥用职权、违法违规审批许可、日常监管严重缺失、执法检查疏忽等行为,助推了事故发生。另外,某某安评公司违法出具虚假报告和结论,天津某某评审中心在安评材料审查验收过程中把关不严、颠倒黑白,天津某某环境工程评估中心在环评报告评估工作中严重失察,这些中介服务机构和工程师在面对经济利益与社会利益、企业利益与公众利益冲突时,做出了有悖职业道德和工程伦理的选择,间接导致事故造成大量人员伤亡、财产损失、大气污染等严重后果。

(4)运营问题

某某公司无视安全生产主体责任,无证违法经营危化品仓储业务,严重超负荷经营、超量存储,违规混存危险货物,安全管理极其混乱,致使大量安全隐患长期存在。为了获批港口危化品经营资质,多次向国家机关人员行贿或提供其他好处。瑞海公司这些违法违规行为完全置安全风险和公众利益于不顾,严重违背了企业的工程伦理和社会责任。

2016年11月7日—9日,天津港"8·12"特大火灾爆炸事故所涉27件刑事案件一审分别由天津市第二中级人民法院和9家基层法院公开开庭进行了审理,并于9日对上述案件涉及的被告单位及24名直接责任人员和25名相关职务犯罪被告人进行了公开宣判。一审判决如下:某公司董事长于某某构成非法储存危险物质罪、非法经营罪、危险物品肇事罪、行贿罪,予以数罪并罚,依法判处死刑缓期二年执行,并处罚金人民币70万元;某公司副董事长董某某、总经理只某等5人构成非法储存危险物质罪、非法经营罪、危险物品肇事罪,分别被判处无期徒刑到十五年有期徒刑不等的刑罚;某公司其他7名直接责任人员分别被判处十年到三年有期徒刑不等的刑罚。某安评公司犯提供虚假证明文件罪,依法判处罚金25万元;某安评公司董事长、总经理赵某某等11名直接责任人员分别被判处四年到一年六个月不等的有期徒刑。天津市交通运输委员会主任武某等25名国家机关工作人员分别被以玩忽职守罪或滥用职权罪判处三年到七年不等的有期徒刑,其中李某某等8人同时犯受贿罪,予以数罪并罚。

(节选自:中国政府网,"8·12"特大火灾爆炸事故系列案件在天津一审宣判;王超,张成良,刘磊,孙伟.天津港"8·12"特大火灾爆炸事故的工程伦理教育缺位探析,2018年第12期,中国水运)

案例思考:"8·12"特大火灾爆炸事故处理的49名相关责任人员在履行决策、设计、规划、评价、审批、检查等职责时都出了问题。作为未来的工程师,如果你将来遇到类似问题,你会如何应对?

5.3 案例分析

【案例Ⅰ】重庆綦江彩虹桥垮塌事件

1996年2月15日,贯通綦河东西城区的綦江县(现重庆市綦江区)人行彩虹桥正式通行。在使用了2年零322天后,1999年1月4日晚6时50分,彩虹桥发生整体垮塌,造成40人死亡(其中包括18名武警战士),轻重伤14人,直接经济损失631万元。

经调查,造成彩虹桥垮塌的直接原因是一系列技术问题如吊杆锁锚问题、主摸钢管焊接问题等。导致这些技术问题的根本原因是管理缺位,彩虹桥工程是名副其实的"六无工程":未办理立项及计划审批手续;未办理规划、国土手续;未进行设计审查;未进行施工招投标;未办理建筑施工许可手续;未进行工程竣工验收。

技术问题的背后是管理失位,而管理问题的背后是更深层次的职业伦理问题,一场悲剧的发生,通常伴随着与工程相关人员的职业道德的集体丧失。

作为业主代表的綦江建委主任存在受贿问题。收受施工方贿赂累计11万元,在划拨工程款等方面为施工方提供便利,且在进行工程结算时追加工程款118万元。

设计院设计室主任以乙级设计公司签订设计施工一体化的总承包合同,将设计工作分包给不具备施工能力的企业。

施工方负责人,向建委主任行贿,超越专业能力行动,中专文化、缺乏桥梁建设经验,却承包了桥梁施工工程,未尽职工作,使用劣质材料、设备。

工程技术总负责人,未尽职工作,工程中擅离职守,行为不公平,任人唯亲。

设计总负责人,未尽职工作,未有效地施加设计控制。

主管城建的副县长、质监站站长,监管不到位,未能阻止桥梁未经验收即投入使用。

对事故主要责任人的处理结果如下:

綦江县原县委书记张某某,判处无期徒刑,剥夺政治权利终身,并处没收财产10万元,追缴全部赃款、赃物及违法所得。

綦江县委原副书记林某某,判处死刑,缓期二年执行,剥夺政治权利终身,并处没收财产5万元,追缴犯罪所得赃款111 675.09元。

綦江县建委原主任张某某、原副主任孙某某及綦江县原副县长贺某某等12名被告人,分别判处有期徒刑或并处罚金,追缴赃款或非法所得。

工程设计总负责人赵某某,开除党籍,并由主管部门取消其享受的退休人员的一切待遇,同时由主管部门取消其工程技术职称资格。

工程总承包人段某某,判处有期徒刑10年,并处罚金人民币20万元。

施工承包总负责人费某某,判处有期徒刑10年,并处罚金人民币50万元。

另外:为了方便市民通行,促进綦江的经济发展,綦江县决定在距原虹桥上游40米处建设新虹桥。1999年10月8日开始修建,2000年10月8日建成。新虹桥桥头那座半圆弧的命名为"托"的金属雕塑前,红褐色大理石基座上的"綦江虹桥警示碑"碑文,碑文全文如:

利与弊,相反而相成。利兴则弊除。然假兴利之名以行弊者,弊尤大焉。此虹桥塌沉之痛训也。綦河贯县城,隔东西城区。虹桥之建,欲以便两城之往来。一九九六年二月十五日通行,一九九九年一月四日垮堕。死祸者四十,伤十余人。盖主事者徇私渎职,施工者贪利粗制,案震全国。有关责任者受党纪国法追究。县委、县政府决定建设新虹桥。落成之日,立碑其侧,以戒今惕后。铭曰:新建豪张,旧痛回肠。主政贪婪,属众遭殃。腐之为患,国祸民伤。从公慎纪,勿怠勿荒。勒石警示,永志莫忘。

中共綦江县委

綦江县人民政府

二零零零年十二月十八日

（节选自：知申木，腐败撑不住"彩虹桥"——綦江"彩虹桥"垮塌罪案纪实，1999年第5期，检察风云；赵君辉，彩虹桥为何坍塌？1999年第5期，决策与信息；陈真真，綦江彩虹桥垮塌纪实，1999年第1期，城市质量监督）

【案例Ⅱ】河南省公共资源交易中心发布《关于5名评标专家犯非国家工作人员受贿罪相关情况的通报》

各位评标专家：

近日，李某某、赵某某、齐某某、何某某、吴某某5名评标专家相互串通，操纵评标，犯非国家工作人员受贿罪，被鹤壁市中级人民法院依法判刑。现将有关情况通报如下：

一、犯罪事实

2018年8月2日至8月5日，李某某、赵某某、齐某某、何某某、吴某某作为省综合评标库专家，被随机抽取参加鹤壁市淇滨区2018年山丘区五小水利工程项目的评标活动。5人接受请托人高额好处费，相互串通，瓜分标段，共同给请托人委托公司打高分，违规操纵评标结果，该项目共七个标段，前五个标段的中标候选人第一名均是被5人共同操纵产生，性质极其恶劣。

经鹤壁市中级人民法院终审，5人均触犯刑法，判处有期徒刑一年到一年六个月不等，缓期一年到二年不等。

二、警示提醒

李某某、赵某某、齐某某、何某某、吴某某5人，无视法律规定，故意犯罪，最终承担了法律责任。就案件可能涉及的几点法律相关规定特提醒大家：

1.关于对共同犯罪相关的警示提醒

5人共谋操作评标并获取好处费，有共同收受他人贿赂的主观故意和行为，最终法院并不以每人实际收受好处费金额认定受贿金额，而以5人受贿总额认定每人的受贿金额。

2.关于对非国家工作人员受贿罪相关的警示提醒

5人受贿金额超过六万元，已触犯刑法，处五年以下有期徒刑或者拘役。

3.关于对公职人员犯罪相关的警示提醒

受贿属于故意犯罪，公职人员一旦故意犯罪，不论是否缓刑，均被开除公职。

三、有关要求

希望各评标专家吸取李强等5人的沉痛教训，引以为戒，敬畏法律、遵纪守法，珍惜自由、珍惜荣誉，万不可心存侥幸，为了蝇头小利，践踏法律红线，给人生留下永远的污点。同时，希望各位专家争做正义之士，发现有专家疑似操纵评标或发现有专家在微信等聊天群组主动泄露评标评审信息的，主动向行政监督部门或公管办举报。

请各位评标专家，在以后的评标评审活动中，认真、公正、诚实、廉洁地履行评标职责，共同维护好我省公共资源交易评标环境。

（选自：河南省公共资源交易中心网站，www.hngqzy.com/）

案例思考：结合以上材料说明工程建设法律和职业道德之间的关系。

【案例Ⅲ】国家市场监管总局发布一批检验检测市场监管执法典型案例

1.江苏省上海铁路站场调速技术中心有限公司涉嫌出具虚假检验检测报告案

2021年9月,在国家级资质认定检验检测机构监督抽查中,行政监管人员发现上海铁路站场调速技术中心有限公司(上海铁路局站场调速设备检测站)的两份报告(编号:JC2021029、JC2021030)检测时间分别为2021年9月9日和9月14日,而通过调取该公司设备交接单,检测所用设备密封试验机(设备编号:070711-01)于2021年9月3日送修,现场检查未见设备,该公司也无法提供出使用该设备检测的证据。此外,其他四份检验检测报告报告(编号:JC2021011-DX、JC2021013、JC2021018、JC2021026)中保压性能、防尘性能等项目未取得资质认定。作为机构的站长、技术负责人、授权签字人刑某某已于2021年3月调离该公司;标准方法TB/T 2460-2016已替代TB/T 2460-2009,该公司均未依法申报变更。该公司涉嫌违反《检验检测机构监督管理办法》第十四条和《检验检测机构资质认定管理办法》第十四条的规定,存在出具虚假检验检测报告等违法行为。该案已移交属地市场监管部门调查并依法进行处理、处罚。

2.山东省天兵安全技术服务有限公司出具虚假气瓶和空气呼吸器检验检测报告案

2021年11月17日,山东省市场监管局接到群众举报,反映天兵(山东)安全技术服务有限公司出具虚假气瓶和空气呼吸器检验检测报告。11月18日,该局执法稽查局会同认证认可处、特监处及技术专家对该公司进行现场执法检查。11月22日立案调查,确认违法事实。2022年2月18日,山东省市场监管局对当事人送达《行政处罚决定书》,作出依法吊销天兵安全技术服务有限公司检验检测机构资质认定证书、特种设备检验检测机构核准证,吊销该机构有关责任人员特种设备检验检测人员证的处罚。同时,将其列入严重违法失信名单并通过国家企业信用信息公示系统公示,并移送公安机关进一步处理。

3.重庆市中科建筑工程质量检测有限公司出具虚假检验检测报告案

2021年9月15日,重庆市市场监管局检查组对重庆中科建筑工程质量检测有限公司进行监督检查,发现该公司在"混凝土抗水渗透性能检测""热轧带肋钢筋检测"等项目的检验中出具不实检测报告。在"砂浆抗压强度检测"试验中减少标准规定应当检验的步骤,出具虚假检测报告。经查,该机构在9月11日、12日进行的"砂浆抗压强度检测"检验过程中,未按照标准要求,对检测试件进行抗压强度试验前的尺寸测量的情况下,直接填写了试件尺寸数据,并据此作出检验结论,两日出具《砂浆抗压强度检测报告》共计23份。上述行为违反《检验检测机构监督管理办法》第十四条第二款第(三)项的规定,构成了改变关键检验检测条件,出具虚假检验检测报告的违法行为。该公司在2021年9月11日、12日进行的"热轧带肋钢筋检测"过程中,未按照国家标准要求将钢筋试件弯曲到180度,却在原始记录上记录弯曲角度为180度,出具了《热轧带肋调直钢筋检测报告》检验检测报告19份。上述行为违反《检验检测机构监督管理办法》第十三条第二款第(三)项的规定,构成出具不实检验检测报告的违法行为。2022年2月18日,重庆市九龙坡区市场监管局依据《检验检测机构监督管理办法》第二十六条等规定,没收该公司违法所得共计0.1981万元,对出具不实和虚假检验检测报告的行为分别处罚款3万元。同时,将相关违法线索依法移送重庆市住建委,重庆市住建委正依据《建设工程质量监测管理办法》等规定对该公司进行调查并依法进行处理、处罚。

建设工程伦理

4. 山东省临沂益安裕丰气瓶检测有限公司出具虚假特种设备检验、检测结果案

2021年4月8日,临沂市市场监管局对临沂益安裕丰气瓶检测有限公司气瓶检测情况进行现场检查,发现3月18日至4月8日,该机构因水压试验台电脑故障一直未使用,却未经检测直接在检测报告上填写水压试验数据,共出具394只工业气瓶(钢质无缝气瓶)定期检验报告和79只CNG气瓶(压缩天然气金属内胆纤维环绕气瓶)定期检验报告;自2021年1月份以来,在7只LNG气瓶(低温绝热气瓶)静态蒸发率检测时长3.5小时,达不到标准规范要求的情况下,该机构擅自编造二十四个小时的检测数据,计算静态蒸发率,出具检验检测报告。上述行为违反了《中华人民共和国特种设备安全法》第五十二条、第五十三条的规定,构成出具虚假检测数据、结果的行为。临沂市市场监管局依据《中华人民共和国特种设备安全法》第九十三条的规定,责令该机构改正违法行为,并依法吊销其特种设备检验检测机构核准证。

5. 安徽省砀山县香格格环保科技有限公司未取得检验检测机构资质认定从事检验检测活动案

2021年9月,安徽省砀山县市场监管局在开展检验检测规范年专项整治行动中,发现砀山县香格格环保科技有限公司在未取得检验检测机构资质认定证书(CMA)的情况下,向客户出具含有由未检定设备检出甲醛含量检测数据的污染源处理方案。安徽砀山县市场监管局根据《检验检测机构资质认定管理办法》第三十四条,责令其立即改正,并处罚款3万元。

6. 江苏省永安建工机械有限公司滁州分公司冒用检验检测机构资质认定证书案

2021年6月,安徽省市场监督管理局在调查投诉举报案件中,对江苏永安建工机械有限公司滁州分公司进行现场检查。经查,该公司在未取得资质认定的情况下,利用其租赁在滁州市紫薇南路1559号的某办公室里对25个施工升降机对防坠器进行了检验、检测,并冒用永安建工机械检测有限公司安徽分公司资质认定证书出具了检验报告。该局依据《检验检测机构资质认定管理办法》第三十七条对江苏永安建工机械有限公司滁州分公司罚款3万元。

7. 河北省衡水衡润环境监测有限公司出具虚假检验检测报告案

2021年,河北省市场监管局在组织开展生态环境监测机构专项检查中,发现在衡水衡润环境监测有限公司出具的环检字(2021)第04024号、环检字(2019)第12021号检验检测报告中,无组织非甲烷总烃采样记录单中记录2021年1月19日上午9:30五个点位(厂界上风向、厂界下风向1#、厂界下风向2#、厂界下风向3#、生产车间口1#)同时采样,但实际该机构只有两台采样设备(崂应3036型HHR-116,崂应3036型HHR-134),无法实现两台设备同时采样五个点。该局依据《检验检测机构监督管理办法》第二十六条第二款规定,对该机构处罚款3万元,并将违法行为抄送省生态环境厅。

8. 浙江省平湖市某建设工程检测有限责任公司出具虚假检验检测报告案

2021年4月,浙江省平湖市市场监督管理局执法人员会同实验室审核专家依法对平湖某建设工程检测有限责任公司进行检查,通过对两批抗渗试验检测设备的检查和检测人员毛某的询问,发现,该检测公司于2021年4月11日,对某能源有限公司送来的两批混凝土试块进行混凝土抗渗试验,该公司检验人员毛某未经检测编造数据直接出具了上

80

述两批混凝土试块的检测报告(报告编号 BGM202100064,检测日期 2021 年 4 月 11 日—2021 年 4 月 13 日;报告编号 BGM202100065,检测日期 2021 年 4 月 11 日—2021 年 4 月 13 日),该公司的检测科科长刘某负责上述两批混凝土抗渗试验的数据审核工作,刘某在毛某检测上述两批次混凝土试块时未实地查验就通过了数据审核。该局依据《浙江省检验机构管理条例》第五十条第三项规定,责令该公司限期改正,并处罚款 3 万元;同时,依据《浙江省检验机构管理条例》原第五十条第三项规定,对毛某处罚款 2 万元;依据《浙江省检验机构管理条例》原第五十条第二项规定,对刘某处罚款 2 万元。

（节选自:国家市场监督管理总局官网,市场监管总局发布一批检验检测市场监管执法典型案例,2022 年 3 月 31 日,https://www.samr.gov.cn/xw/zj/art/2023/art_8b877aab94c d45c3ae7dd46a826e25b4.html)

案例思考:结合以上材料说明工程建设法律和职业道德之间的关系。

5.4　小结

法律建设与道德建设都是维护国家长治久安的重要方面。通过分析法律和道德建设的定义不难看出它们的明显区别,即道德是非强制性的,主要依靠社会的舆论起作用;而法制是强制性的,通过国家强制力起作用。不过它们都有着维护社会长治久安的作用,可以说是为达到同一目的的两种不同手段。

法律主要起约束的作用,它让人们在正确的轨道上行驶,一旦偏离这个轨道,法律就会用自己的办法使其回到正轨。然而,一个人在轨道上走得快与慢,走的姿势,是前进还是后退是法律所不能涉及的。这个时候,我们更需要道德的作用,使更多人朝着正确的方向快速前进。

法律应该是底线,人们的所有行为都必须在这之上。只有在这个基础上,才能更好地进行道德建设,而道德是导向,没有道德的导向,法律也许就是空洞的。这又说明道德和法律是同样重要的。

思考题

1.工程师作为科技与工程活动的主体,不仅要具有胜任本职工作的技术能力,还要有敏锐的价值判断力、职业道德信念。在各种信念冲突时,请根据本章学习内容阐述你的观点。

2.某道路工程施工中,施工单位项目经理为谋取不正当利益,在土体边坡加固工程中,不按设计图纸的数量和做法要求进行锚杆施工,大幅减少锚杆数量和锚杆长度。现场监理人员贾某未采取干预制止行动,而在工程计量时乃按原设计工程量进行签认计量,致使工程质量大大下降,国家建设资金未发挥正常效益。事后施工方给了贾某"好处费",贾某欣然接受。

在上述案例中,贾某违反了哪些法律和规定?贾某违背了哪些职业道德规定?

6 工程师的职业角色和工程共同体

【引例】三门峡水电站存废之争

黄河无疑是世界上最难治理的河之一,历朝历代的统治者们面对黄河水患都是一筹莫展,只能眼睁睁看着泥沙不断淤积,下游河床日益抬高,形成高于地面的悬河。历史上,黄河是航运大河。而被历代行船人视为畏途的三门峡,因为有着坚固的花岗岩河床,还可控制92%的流域面积上产生的洪水和泥沙,因此,到了民国时期,在三门峡筑坝的设想开始被人频频提起。三门峡水电站是新中国第一项大型水利工程,但是有很多人说其是中国水利史上的一个败笔。

1954年1月,以苏联电站部彼得格勒水电设计院副总工程师柯洛略夫为组长的专家组来华。2月到6月,中苏专家120余人,行程12000千米,进行黄河现场大勘察。苏联专家肯定了三门峡坝址,柯洛略夫说:"任何其他坝址都不能代替三门峡为下游获得那样大的效益,都不能像三门峡那样能综合地解决防洪、灌溉、发电等各方面的问题。"

1956年5月,水利专家黄万里提出反对修建三门峡水库。黄万里全面否定了苏联专家的《三门峡工程初步设计要点》,指出:水库建成后很快将被泥沙淤积,结果是将下游可能发生的水灾移到上游,成为人为的必然灾害。

1957年6月,周恩来总理在北京饭店召集70名学者和工程师开会,给苏联专家的大坝设计方案提意见。会上绝大多数人都对三门峡大坝的修建赞不绝口,认为大坝建成,黄河就会清水长流。除水利部技术员温善章提出修改堤坝设计外,唯有黄万里一人从根本上否定了苏联专家的设计规划。在七天的研讨会上,黄万里据理力争,与"高坝派"辩论了七天,到最后,会议成了以他为对象的批判会。

1957年4月13日,三门峡水利枢纽工程隆重剪彩开工。1960年6月,三门峡水库筑坝到了340米,实现拦洪。9月,正式关闸蓄水拦沙,投入使用。

黄万里的预言不幸而言中,大坝内泥沙淤积多达16亿吨。第三年,潼关河床淤高4.6米,渭河口形成拦门沙,渭河平原地下水位升高,土地盐碱化殃及两岸农民。到1964年,三门峡水利枢纽改建时,在黄河两边山上挖两条隧洞,排水泄沙,同时8台机组废掉4台,发电量只剩下20万千瓦,只是原设计发电量120万千瓦的零头。

2004年2月4日,陕西省15名人大代表议案建议三门峡水库停止蓄水。3月5日,在陕西的全国政协委员联名向全国政协十届二次会议提案,建议三门峡水库立即停止蓄水发电,以彻底解决渭河水患。

[节选自:郑晓光,水电科技精英与新中国水电开发研究(1949—1976),2017年,福建师范大学学位论文;许水涛,重温孤独斗士黄万里的价值,2017年第3期,世纪;肖伟俐,黄万里与三门峡,2010年第11期,共产党员]

案例思考：作为专业的工程师,是可以提前预见有些项目建设方案不是最优方案,如果建成将损害相当多群众的切身利益,或对环境带来难以弥补的危害。当国家利益与个人的道德价值观发生冲突时,究竟应该忠于前者还是后者?

6.1 工程与工程师

6.1.1 工程

工程作为人类实践活动的成果之一,既是人类文明的产物,也是人类文明的标志。工程与人类文明二者是相互依存、相互促进的。一方面,人类文明的进步会促进工程水平的提升;另一方面,工程的进步和发展也推动着人类文明的跃迁。人类已经历了前工业社会以农业为主导的工程、工业社会以工业为主导的工程、后工业社会以信息业为主导的工等工程类型。一些特定的大型工程常常是一定时代的人类文明的标志。在前工业社会,由于当时人们认识水平和实践能力低下,人类只能在自然所提供的现成的系统之中生活,改造与变革自然的工程活动并不在社会生活中居于显著地位。但是工程的历史非常悠久,古埃及的金字塔,中国的万里长城、京杭大运河都是古代著名的工程。自西方文艺复兴以来,随着人的主体性的高扬,科学技术和工程的发展和进步方兴未艾。以蒸汽机的发明为标志的第一次产业革命使人类迈入了机械化时代,电机和化工引发了第二次产业革命,人类由此进入了电气化、原子能、航空航天时代,第三次产业革命引领人类驶入了信息时代。自工业革命以来,伴随着人口的增加和消费水平的提高,这个地球越来越朝工程化的方向发展。经过三次科技革命,科学、技术和工程呈现出一体化与互动渗透的发展态势,工程的地位更加显现,工程时代已经来临。当代工程集聚着许多杰出人才,集成了很多复杂科技,工程对加速我国现代化进程、推动经济社会发展的主导作用更加突出。

工程一词由"工"和"程"构成。《说文解字注》(段玉裁注)中解释,"工,巧饰也";又说,"凡善其事曰工"。《康熙字典》集前贤之说,补充有"像人有规矩也"。再看"程","程,品也。十发为程,十程为分"。品即等级、标准、制度。"程"即一种度量单位,引申为定额、进度。《荀子·致士》中有"程者,物之准也。"准,即度量衡之规定。"工"和"程"合起来就是工作(带技巧性)进度的评判,或工作行进之标准,与时间有关,表示劳作的过程或结果。据中文的词源考证,"工程"一词最早出现在北宋欧阳修等人所著的《新唐书·魏知古传》中记有,"会造金仙、玉真观,虽盛夏,工程严促",此处的"工程"指金仙、玉真两个土木建筑项目的施工进度,侧重于过程。据西方词源考证,"工程"一词源于拉丁文 ingenenerare,原意为"创造"。英文 engineering(工程)一词源于 engine(引擎)、engineer(引擎师或机械师),指引擎师或工程师所从事的工作,engineering 起源于军事活动。

《中国大百科全书》对工程概念的界定是"应用科学知识使自然资源转化为结构、机械、产品、系统和过程以造福人类的专门技术"。这一界定明确了工程的依据、对象、目的、过程等要素。《辞海》对"工程"的解释是:"将自然科学的原理应用到工农业生产部门中去而形成的各学科的总称。"这一定义侧重于理论体系。现代工程包括机电工程、水利工程、冶金工程、化学工程、生物工程、海洋工程等多个门类。

工程既与科学、技术有着内在的关联，也有着显著的分殊，人们通常把科学活动理解为以发现科学真理、揭示科学规律为核心的活动，具有无私利性、普遍性的特点；技术是以发明为核心的活动，技术具有"可重复性"，也在一定时空内享受专利和知识产权；工程是以建造物质产品为中心的人类活动，工程具有唯一性的特点。科学、技术在哲学上都属于知识论讨论的范围，而工程更偏重于实践。航空航天工程师塞厄道·卡尔曼曾指出："科学家发现了已经存在的世界；工程师创造了从未存在的世界。"

与传统工程相比，当代工程具有一些新的特征。一是高科技化。当今世界，以信息技术为先导的新技术革命正在蓬勃发展，使人类的生产方式和生活状态发生了深刻的变革。不仅传统的采矿、建筑、机械等工程领域越来越多地渗透了高科技因素，而且，高科技还产生了一批新兴的工程领域，如信息工程、生物工程、材料工程、软件工程等。二是高度集成化。当代工程的高度集成化主要表现在两个方面：技术集成；技术要素和经济、社会、管理等诸要素的集成。工程活动依赖多门学科、多种技术，涉及不同人群、物质流、能量流、信息流、资金流等，必然在总体尺度上对技术、市场、产业、经济、环境、劳动力等要素进行更广阔的优化集成。以上两个方面的集成使现代工程的复杂性增加、规模不断扩大。三是深刻的社会化。工程是各相关主体集聚起来从事的社会活动，是"既要发挥个人的聪明才智，又要发挥集体大脑的作用"的人类活动。在工程活动中，单个人的力量和智慧是有限的，集体行动是工程的实施方式和实现方式。如今的工程不只是服务于具体的工程目标和可计算经济效益的技术操作，而且在对人类的前途和地球的命运做出一次次突破。经过三次科技革命，科学、技术和工程呈现出一体化与互动渗透的发展态势，并且工程活动已经成为跨学科、跨行业，甚至跨国的，其参与面、规模远远大于以往，涉及领域的深度和广度空前，从基础设施建设到依托于汇聚技术的高复杂度的工程、大数据工程，现代工程也日益体现着巨型性、社会性、集体性的特征。

6.1.2 工程师

与"工程"概念相应，工程师就是以工程为职业的人。"工程师"一词在西方出现于中世纪晚期，用来称呼诸如攻城槌、石弩和其他军械的制造者和操作者。也就是说，最早被称为工程师的人是军人或工兵。第一批工程教育机构由政府创建，为军事服务，比如1689 年由彼得大帝在莫斯科创建的军事工程学院。在英国工业革命期间，工程师开始摆脱纯粹军事活动，称自己为"民用工程师"或"土木工程师"。1717 年，工程师约翰·斯米顿在英国创立了非正式的土木工程师协会，他去世后更名为斯米顿协会。1818 年，英国土木工程师协会创立，这是第一个官方承认的职业工程师组织，在差不多的时期，美国、法国、德国等纷纷成立类似组织，这标志着工程师职业正式出现。与工程师职业密切相关的是发明专利制度的出现，美国 1790 年、法国 1791 年开始用国家成文法保护发明专利。如今天，成为工程师一般必须具备如下其中一个条件：完成正式的理工科大学教育，拥有理学或工学学士学位；拥有政府机构认证的工程师职业资格证；具备工程师协会会员身份；主要从事具有专业水平的工程工作。

在中国，现代意义的工程和工程师都是舶来品。古汉语中并没有"工程师"一词，它是近代洋务运动中人们依据"工正""工匠师""工师"等传统说法引申出来，与英语"engineer"相对应的新词汇,在清末民初一度与"工师""工程司"等并用。中国工程师最早孕育于晚清的留美幼童群体以及船政留欧群体之中,代表人物如詹天佑、司徒梦岩等。最早的工程师职业团体是1913年詹天佑等人发起成立的中华工程师学会,早期著名工程有京张铁路。欧美工程大规模扩张与工业革命和电力革命息息相关,主要是在19世纪下半叶和20世纪上半叶,伴随着大型公共工程如运河、铁路的建设,以及大型工业公司的崛起。第二次世界大战之后,西方发达国家已然进入了工程和工程师的时代,工程师成为社会主流职业,工程成为改造世界的主要手段,给人们的生活方式带来了深刻的影响。中华人民共和国成立以来,中国工程事业有了长足发展,但根本性的飞跃是在改革开放之后。改革开放40年来,中国的工程从业者、工程师以及理工科大学毕业生的人数急剧增长,一大批世界领先的大型工程如三峡工程、南水北调工程、杭州湾跨海大桥、青藏铁路、京沪高铁等举世震惊,中国开始向外输出先进的大型工程经验如水电站和高铁建设等,海外更有人将改革开放取得巨大成就的原因归之为充分发挥了工程师能力的治国战略……这一切都生动地说明:从某种意义上说,当代中国也进入了名副其实的"工程师时代"。

6.1.3 工程师的角色和道德冲突

法国著名伦理学家爱弥尔·涂尔干认为:"任何职业活动必须得有自己的伦理,倘若没有相应的道德纪律,任何社会活动形式都不会存在。"但工程师职业与其他职业不同,正如卡尔·米切姆所说:"在其最早形式中,我们现在称之为责任的概念与制造和使用人工物的技术活动很少联系在一起。"即工程师职业诞生初期,工程师并没有形成责任意识。伴随着产业革命的兴起,科学技术飞速发展,作为掌握技术力量的工程师社会地位开始凸显,公众开始关注工程活动领域,工程师的责任意识开始形成。一套正规的伦理标准是工程师职业必需的。因此,19世纪末,各个工程协会立足于工程师的职业特征,开始起草工程职业章程,强调工程师的基本职责,用以规范工程师行为。随着科技的进步以及社会的发展,工程职业的数量逐渐增多,被推出的工程师职业章程也更趋多样化。在不同的历史时期,由章程规定的工程师的职业责任也在发生变化。按照美国著名技术哲学家卡尔·米切姆的观点,自从19世纪工程作为一种职业开始诞生以来,工程伦理规范中关于工程责任的思想主要有三种明显的观点:第一种是强调公司忠诚,第二种强调技术专家的领导,第三种则强调社会责任。工程哲学家塞缪尔·佛洛曼认为工程师的基本职责只是把工程干好;工程师斯蒂芬·安格则主张工程师要致力于公共福利义务,并认为工程师有不断提出争议甚至拒绝承担他不赞成的项目的自由。

工程师在工程实践过程中需要承担多重角色。当工程师作为职业人员的时候,他是一般职业者;工程师受雇于企业,他还是雇员;工程师也可能在企业当中担任管理者的角色。此外,他还是一个社会人,作为社会人,他是社会公众的一员,他还是家庭中的一员,甚至是某些社会组织中的成员。

(1)工程师和公司雇员

一方面,工程师作为职业人受雇于企业。从这个角度来看,职业是他的谋生手段,他为企业创造利润,从企业那里获得薪水,听从企业的安排。企业是营利性组织,企业做决定通常都是以利益最大化为原则。另一方面,工程师有自己的职业理想,工程为社会创造福祉,工程师应当把社会公众的健康福利放在首位。当企业的决策明显会危害到社会公众的健康福祉,或者工程师能预测到这种危害时,工程师就面临着角色道德冲突。倘若按照企业的决策执行,那么有可能对社会公众造成危害,妨碍公共之"善"的实现,违背了职业道德要求,不利于职业理想的实现。倘若坚持职业道德,违背企业的决策,则妨碍企业获得更大的利润,在雇主看来工程师就没有扮演好职员的角色。这就是"工作追求和更高的善的追求之间的冲突"。工程师同时作为职业人员和企业的雇员,二者产生冲突的时候,就面临着忠于职业还是忠于企业的选择。目前的状态是,人们注重的是企业,其雇员的责任感超越了职业的责任感。

(2)工程师和普通社会公众

工程师作为社会公众的一员,和众多公众一样要遵守一般道德。一般道德普遍适用于每一个人,如诚信是我们应该发扬的美德。不管受教育程度的高低,不管职业是医生、教师还是律师,都要遵守一般道德。在通常情况下,工程师把公共之"善"的实现放在首位,与一般道德的价值方向一致,不会产生冲突。但是,工程活动是一项复杂的社会实践,涉及企业、工程师群体以及社会公众,甚至政府。虽然目的都是推动工程的成功实施,但是各方的具体目标却不同,遵守的规则或者原则也不同,它们甚至相互冲突。当工程师在实践过程中的行为与一般道德要求相冲突的时候,他就陷入了角色道德冲突的困境中。

(3)工程师和企业管理者

工程师还可能是企业的管理者。企业管理者做决策要维护企业股东的利益,以对企业经营最有利为原则,因此企业管理者行为的核心是企业。当企业的决策违反工程规范或者可能对公众福利、安全和健康造成威胁的时候,处于企业决策者位置的工程师就面临着角色道德冲突难题。工程师与管理者的职业利益不同,这使得他们成为同一组织中的两个范式不同的共同体。正当的工程决定有两个特征:"涉及工程专家的技术事务,或者它服从工程章程中所包含的伦理标准,尤其是那些要求工程师保护公众健康和安全的标准"。正当的管理决定也有两个特征:"涉及与组织的生存状况相关的因素,诸如成本、计划、营销、员工士气和福利,以及该决定并不会强迫工程师或者其他职业人员作出有悖于他们技术实践或伦理标准的不可接受的让步。"

在"挑战者"号的悲剧中,作为职业工程师和企业决策者的罗伯特·伦德面临着角色道德冲突。在发射前一天,莫顿·瑟奥科尔公司的工程师们建议不要发射"挑战者"号航天飞机,这个建议是以工程师们对O形环在低温下的密封性能的担忧为基础的。然而,瑟奥科尔的高级副总裁杰拉尔德·梅森知道,国家航空航天局迫切需要一次成功的飞行,他也知道瑟奥科尔需要与国家航空航天局签订一份新的合同,一旦决定不发射,就可能失去新合同。最终,梅森考虑到企业的利益,推翻了之前不发射的决定,认为工程师们的数据并不是结论性的,在事关O形环的安全问题上,工程师们是倾向于保守的。梅森对监理工程师罗伯特·伦德说:"收起你那工程师的姿态,拿出经营的气概。"

此时,作为工程师和企业管理者的伦德就面临着角色道德冲突。作为职业工程师,出于专业知识判断这种情况下不适合发射,但是不发射的决定可能会危及企业的利益;作为管理者,他又要维护企业的利益。伦德应该如何选择?梅森告诉他放下工程师的身份,像管理者那样思考,最后,伦德以管理者的立场改变了决策。我们能说"挑战者"号最后的悲剧是伦德决策错误的结果吗?工程经理们、伦德等都认为存在着安全问题。莫顿·瑟奥科尔公司的高层官员也参加了电话会议,然而,他们考虑的是公司形象,是与国家航空航天局谈判延续助推火箭合同。

同时,作为企业雇员的工程师也处于一种角色道德冲突之中。作为人类,他无疑会对宇航员的生命安全感到担忧,他不想眼睁睁地看着其死亡和毁灭。然而,另一位重要人物博伊斯乔利不仅仅是一位富有同情心的公民,他还是一位工程师。这次的O形环是不可靠的,这是他的职业工程判断,他还有保护公众健康和安全的职业义务。作为一位工程师,他有义务给出最好的技术判断,并且去保护包括宇航员在内的公众的安全。另外,他还是莫顿·瑟奥科尔公司的雇员,他不发射"挑战者"号的主张会阻碍公司获得新合同以及未来的长远利益。那么,此时他该怎么做?当然,在"挑战者"号案例中,他做出了决定:他疯狂地试图说服公司管理层坚守最初的不发射主张。但是,无人理睬他的抗议,瑟奥科尔的经理们推翻了最初的不能发射的决定,并最终导致悲剧的发生。

6.2　工程共同体

在当代工程活动中,工程活动越来越大型化、规模化、综合化和复杂化,大型工程从设计、建造、运营到拆除都涉及许多重要工种,需要不同的工程职业群体共同协作和出谋划策。

6.2.1　工程共同体的定义

"工程共同体"从属于"共同体"。所谓共同体并非"个人的取消",而是"个人的加强"。当个人感到缺乏力量时,便联合成共同体。人们的活动总是特定的共同体的活动,而特定的共同体又致力于特定的活动。人们为了从事科学研究活动,就结成科学共同体;为了开展政治活动就结成政治共同体;为了从事技术活动就结成技术共同体;为了致力于工程活动就结成工程共同体。

所谓工程共同体,主要是指工程集体行动的主体,是基于工程活动过程而形成的"业缘群体",即为实现某一工程目标而集结起来的、多元异质的工程活动个体所构成的集体性组织,它作为实现某一工程目标的组织化了的集体,是"一种更高的或更普遍的自我",它积聚了其内部各个个体成员的力量,显示了超越个体的合力和优势,以"整个的个体"的形式承担复杂而又艰巨的工程活动。工程共同体从集体的整体利益出发,由其内个体成员共同设定工程活动的目的、共同从事某一项工程活动,而其内个体成员也受一定组织形式的约束,遵守一定的工程行为规范,开展一定的分工协作并结成一定的伦理关系。工程共同体关注共同体的整体影响,不仅旨在成就个体,更在于成就集体。工程共同体汇集了大量资金和不同的人才,企业成为共同体的重要形式。工程共同体是从事工程活动的人员依托于一定的组织机构,与他们的同事、同行结成的共同体,因而是有结构、有层次的。工程共同体内部存在着的脑力劳动者与体力劳动者、管理者与被管理者的差别,涉及多项专业知识和技能,由不同层次、不同岗位的人员组合与互补而成。从行动者网络理论的视角来看,工程共同体是工程实践主体(利益相对独立的个体、群体或代理人)在实施和开展工程的过程中,通过动态的"选择-转换"机制建构的合作型社会关系网络。

6.2.2 工程共同体的特征

与传统单一组织相比,工程共同体呈现出更为复杂的组织特性。辨析工程共同体成员所处组织形态有益于理解其角色定位。

(1)组织性质上,工程共同体隶属于社会亚文化群,具有项目临时性、成员流动性、资源重组性等组织虚拟化特征。各成员在共享核心技术时互存戒心,共同体内部易出现信用危机;各成员对共同体这一"虚拟组织"难以产生强烈的组织认同感,其归属感亦不强;工程师有意将不履行伦理职责归咎于伦理责任的划分不够清晰,甘愿把角色定位于"工具人"。

(2)动力机制上,工程共同体从事活动的动力源于生存和社会生活的双重需要。一方面,工程共同体作为工程活动主体的趋势不可逆转,工程师的个人追求包括成就需求、亲和需求、自主需求及权力需求等与工程共同体的愿景之间存在"适配"与"契合"的关联性。另一方面,工程共同体不仅要借助项目这一载体更好地生存,还要凭借项目的实施,打造"有良心、有良知的企业公民"的好形象。

(3)结构分层上,工程共同体符合管理层次简化、组织结构精干权力下放充分,信息共享畅通、横向联系频繁等"扁平式"组织的显著特征。但管理模式与组织职能的异变,使得各成员在致力于成为"伦理主体"时遭遇新的管理障碍。

(4)主体构成上,工程共同体由多元主体构成,因主体价值观多元,在处理问题不妥当时会导致不可避免的价值冲突;共同体成员太过注重局部利益而忽视整体发展,工程建设极易沦为"公共的悲剧";团队合作中的信任缺失,运行效率低下,摩擦升级,矛盾激化。互信互利机制的确立,在于达成价值共识从大局和长远出发;尊重差异,包容多样,平等对待;互利、互惠和共赢;适度调整自我价值。

(5)承认路径上,工程共同体寻求工程共同体内部认同和社会外部肯定,但内部认同和外部肯定诉诸的角色扮演和责任承担不可避免地存在矛盾。各成员追求外部肯定体现在对社会承担"守护责任",需以公众福祉及社会可持续发展为基本向导。这将与职业责任的承担产生冲突,角色模糊甚至角色缺失必然导致责任缺失。

(6)制度性目标上,工程共同体旨在赢得市场、寻求社会实现,并将自在的世界(自在之物)变为自为的世界。这包含三层目标:一是共同体在实现盈利目标时不能肆意损害自然,威胁到人类生存,注重可持续发展;二是要让人工自然能满足人类的精神需求,实现"诗意地栖居";三是共同体必须体现。"以人为本",关心存在者之"存在",追求"为大多数的民众而建造"。

6.2.3 以"工程共同体"视角考虑工程师角色的必要性

自古以来,规模较大的工程活动从来就不是个体化的行为,而是工程共同体集体性、有目的的社会行动。古代的工程形态较为简单,主要依托于工匠式的机会技术和经验技术。

随着生产力的发展,从16世纪中叶的工场手工业兴起,历经文艺复兴、工业革命,生产变得更加集中,工程活动主体的集体性特征非常鲜明,分工逐渐细化,协作日益密切。

19世纪末以来,大量的科学研究、技术开发、工程活动已经从分散、单纯的个人活动转化为社会化的集体行动。与此同时,工程亦走向职业化。这样,工程的影响也已超出社会日常生活,扩展到政治、军事、文化等各方面,备受国家重视和政府关注。其间的许多工程是工程共同体集体智慧和集体行动智慧的结晶。随着时代的发展进步,工程共同体也在不断变迁和升级,其规模不断扩大,人员构成由简到繁、由少到多,由早期简单、小型的工程共同体发展到结构复杂的大型工程共同体。因为早期工程活动类型较为单一,或是制造某种工具,或是建房,或是兴修水利,或是冶金铸造,工程共同体以工匠为主,人员所从事的工种构成也较为简单。然而,随着工程复杂程度的增强,工程共同体的规模不断升级,人员构成也更加多元,专业分工更加细致,专业领域更加广泛。工程共同体处于社会变迁和技术进步的复杂多变的境遇之中。

在当代科学技术迅猛发展的推动下,工程共同体不仅有科学家和工程师的倾力加盟,而且还有投资者、管理者、决策者、工程设计人员、工程实施者等诸多层次人员的参与。工程师、投资者、管理者、工人等都各自具有不同的教育背景和经验价值,借助于相关的工程集聚,成为工程共同体成员。工程共同体的功能和作用不仅与其个体成员的角色和作用密不可分,而且更多地与共同体中各个亚群体之间的匹配紧密关联。工程共同体中各异质群体(如工程师群体、管理者群体、工人群体、决策者群体等)之间相互依存、相互合作,在系统中承担着不同功能,通过组织机制构成集体行动的系统。现代大型工程都离不开政府的参与、支持和管理,政府可能同时作为投资者、管理者、决策者或是其中一两种角色而成为工程共同体的成员。

尽管工程投资者和工程共同体其他成员存在着对资本占有的显著不同,但在工程集体行动的过程中,工程共同体的不同成员之间还是存在一定的共同语言、共同风格、共同的办事方法,人们是因为共同认可了某种规范才构成了一个集体即共同的范式(行为规则),这是工程共同体的特征。由于工程范式不同,工程共同体有着农业工程共同体、工业工程共同体、建筑工程共同体、服务业工程共同体等的分类,而在这些大类之中基于工程的专业分工又可以细分,譬如工业工程共同体可以分为电气工程共同体、化工工程共同体、机械工程共同体等,建筑工程共同体则存在着公路工程共同体、铁路工程共同体、桥梁工程共同体等。由此可见,"工程共同体是指集结在特定工程活动下,为实现同一工程目标而组成的有层次、多角色、分工协作、利益多元的复杂的工程活动主体的系统,是从事某一工程活动的人们的总体"。从社会学的视角看,工程共同体可分为两大类型:职业共同体与具体承担和完成具体工程项目的工程共同体(简称"项目工程共同体")。其中"职业共同体"是指工人组织起了工会,工程师组织起了各种"工程师协会""工程师学会",有些国家的雇主组织起了"雇主协会"进行具体的工程活动的共同体,又称为"工程活动共同体"。工会和工程师协会等"职业共同体"的基本性质和功能是维护该职业群体成员的各种合法权利和利益,但它们不是"具体从事工程活动"的主体。在现代社会,必须把工程师、工人、投资者、管理者以企业、公司、"项目部"等形式组织起来并分工合作,才能进行实际、具体的工程活动,即项目工程的集体行动。

正如李伯聪所指出的:"由于我们必须肯定工程活动的主体不是个体而是集体或团体(例如企业),于是,在研究工程的伦理问题时,在许多情况下,我们也就必须承认人们进行伦理分析和伦理评价时所面对的主体也不再是个人主体,而是新类型的团体主体。"

6.3 工程师在工程共同体中的职业伦理

由于工程师在工程活动中需要同时与很多利益相关者建立社会关系,因而具有由多种角色所构成的"角色集",即一组角色群。积极的意义在于承担多重角色可以为工程师提供更多历练机会和成长机遇,使其获得更好的职业发展。消极的一面是角色冲突将会给工程师带来情绪焦虑和抉择困难,引发道德冲突。

6.3.1 诚实

诚实是工程师美德的通用准则。在日常生活中,坦诚的确切要求常常是模糊和矛盾的。当有人欺骗或有意识地误导我们时,我们常常会愤怒,但有时又能够容忍很多假话,在很多场合要求不完全地坦白,例如,评论别人的长相,包括他们的衣着。

但是,工程中的坦诚标准比日常生活中的高很多,它要求绝对禁止欺骗,而且工程师应该确立一个寻求和坚持真理的崇高理想。职业生活中要求强调某些道德价值的重要性,这也适用于工程中的城市,因为事关人类的安全、健康和福祉,人们要求和期望工程师自觉地寻求和坚持真理,避免欺骗行为。

胡佛在当选为美国总统前,曾是一名矿业工程师,他在回忆录中反思:"工程师是一个伟大的职业,看着想象中的虚构之物借助科学变成落在纸面上的计划,真是充满神奇……与其他职业的人们相比,工程师的重大责任是他的工作是公开的,谁都可以看得到。他的行动一步一个脚印地落在坚实的物质上,他不能像医生那样将自己的错误埋入坟墓;他不能像律师那样对错误轻描淡写,或者透过于法官;也不能像建筑师那样用细枝末节来掩盖自己的失误;也不能向政治家那样通过责备对手来掩盖自己的错误,寄希望于人们将会忘掉一切。工程师就是不能否认自己犯了错误,如果他的工作不能发挥作用,他责无旁贷"。

美国国家职业工程师协会(NSPE)伦理准则的 6 条基本守则中有 2 条涉及诚实:第三条守则要求工程师"只以客观和诚实的方式发布公共声明",而第五条守则要求他们"避免欺骗行为"。这些要求统称为诚实责任。工程师必须是客观和诚实的,不能有欺骗行为。诚实责任应用广泛,并且排除所有类型的欺骗。当然,它禁止撒谎,即一个人说出明知是假话以有意误导别人,它还禁止有意歪曲和夸大,禁止压制相关信息(保密信息除外),禁止要求不应有的荣誉以及其他旨在欺骗的误传,而且它还包括没能做到的客观的过失,如因疏忽而没能调查相关信息和允许个人的判断被破坏。

引例中提到的黄万里不仅是一位富有同情心的公民,还是一位杰出的工程技术人员,他认为"黄河三门峡大坝不可建",这是他基于工程师的职业判断,而不是受职业以外各种因素的影响的判断。作为一个真正的知识分子或专业技术人员,工程师除了有学问还不够,还要讲真话,不怕政治上和学术上的打压,坚持反对错误的决策。历史已经证明黄万里在三门峡大坝上的坚持是正确的,尽管他有生之年没有阻止大坝的修建,但是他尽其所能践行了诚实的职业道德。

【案例】邹承鲁：一个说真话的人走了

邹承鲁几次提出想吃冰激凌都被女儿拒绝了，因为他有糖尿病。最终还是给他买来了。吃完这杯甜美的冰激凌后，83岁的邹承鲁心满意足地睡去，再也没有醒来。

2006年11月23日凌晨5点22分，著名生物化学家、中科院院士邹承鲁在北大医院安详离世。自2003年发现淋巴癌后他一直深受疾病困扰，最近一次手术因血小板过低导致肺部感染，最终去世。

女儿邹章平在给父亲友人们的电子邮件中写道：在过去的一个月里他一直在病痛当中，医生竭尽全力，他自己也竭尽全力，但终究无力回天。

邹承鲁被誉为中国生化界的泰斗，他最广为人知的成就是20世纪60年代作为主要贡献者成功完成人工合成牛胰岛素。这一重大成果，使他成为中国生化科学界的权威。

中科院讣告说邹承鲁一生淡泊名利，学识渊博，远见卓识，维护科学尊严，反对不正之风。在其生平介绍中，更是罕见地评价他是"刚直不阿的斗士"。北京大学生命科学院教授、中科院院士翟中和说："他的品质是我们的楷模。"

自20世纪80年代后期，邹承鲁的声名开始从学术领域扩展到公众空间。他将严厉目光投向科学界学术腐败，以院士之高位自揭学界家丑，批判不良学风。

这种改变却引来微弱非议——研究上做不出什么名堂，只好靠学术打假出名。女儿邹宗平说，说这话的人显然并不了解我爸爸，他这一生还需要名吗？

1946年，西南联大化学系毕业后，邹承鲁在招考英庚款公费出国留学生的考试中，以第一名成绩赴英，并师从英国剑桥大学著名生物化学家Keilin教授。研究生期间，他已在Nature（英国《自然》杂志）单独署名发文。剑桥几年，他共发表论文7篇。

自1950年代以来，邹承鲁因其成就获奖无数，多次获得国家自然科学奖。以科学界惯用的衡量标准来看，他创造的数字可算非凡：研究论文209篇，其中被Science（美国《科学》杂志）收录98篇，引用次数3200余次。

尽管获奖无数，但邹承鲁却很淡泊。他说，做研究的时候就没有想得奖的事情，为得奖而工作，不可能成为好的科学家。他还说，国外也没有像中国这么重视诺贝尔奖，一些学校诺贝尔奖学者很多，是稀松平常的事。

2004年在北大医院接受治疗的邹承鲁曾说——我已经老了，不会像年轻人那样怕挨整。无非是以后不给我这奖那奖的，我这一辈子得的奖已经够多了，真的不需要了。

他曾和美国西北大学教授饶毅、美国国立健康研究院实验室主任鲁白联名在英国《自然》杂志发表文章，严词抨击当时的科技体制。文章认为计划经济时代的科技管理体制已经不适于中国科技的创新和发展。

这是邹承鲁在晚年向中国科学界投下的最后一颗"重磅炸弹"。和其他两位身在海外的学者不同，邹承鲁当时在国内孤身面对看得见的赞扬与看不见的责难。

早在1957年，34岁的邹承鲁就提出"应该由科学家管理科学院"。在那个年代，他的"错误理论"还包括：不应该歧视有海外关系的人，允许研究生和导师相互选择。

女儿邹宗平说，祖父和父亲同有留英经历，同为科学家，但两人最大区别在于，前者委婉，后者张扬；一个含而不露，一个直来直去。邹章平所说的祖父是著名地质学家李四光。

1948年邹承鲁和同在英国剑桥留学的李林结合，在英国伯恩茂斯海边，李林的父亲李四光主持了二人婚礼。

这段姻缘成就了日后科学界独有的一家三口皆为院士的传奇佳话。李林是中国知名的固体物理和材料科学家,2002年5月先邹承鲁而去。

1981年,当选中科院院士不久,58岁的邹承鲁便首次在科学界提出"科研道德"问题:"科学研究来不得半点虚假,可是有的人却弄虚作假,用以追逐名利。个别人甚至不择手段剽窃他人成果,就更令人不能容忍。"

多年以后,邹承鲁坦言当年说这番话其实心有所指,是批评当时的三件学术腐败,而且是涉及高位的重要人物。

当年剑桥求学,邹承鲁在向《自然》杂志投的第一篇论文中习惯性地署上导师的名字,却被导师删掉。为人师后,邹承鲁打破了中国科学教育界导师署名的潜规则。他曾说:"最可恶的是仗势署名。我当这个实验室的主任,这个实验室所有的文章都把我的名字写上,不管你同意不同意,并且写在最显著的位置,仗势欺人,这是一种欺人的方式。"

2001年,那场著名的"核酸风波"中,邹承鲁提出核酸营养没有任何科学依据,他还公开指责生化学会一位副秘书长为核酸营养品作商业宣传。

2003年中国科协年会,邹承鲁总结了中国科学工作者违背学术道德的七宗罪:伪造学历、工作经历;伪造或篡改原始实验数据;抄袭、剽窃他人成果;贬低前人成果,自我夸张宣传;一稿两投甚至多投;在自己并无贡献的论文上署名;为商业广告作不符合实际的宣传。

去世前20天,邹承鲁完成了最后一篇文章《必须严肃处理学术腐败事件》。文章说,"学术腐败问题已经蔓延至院士群体。"

邹承鲁表现出来的焦虑远远大于他的恐惧,至少外界和身边亲人从未能窥见过他的恐惧。或许正是有这种坦白无惧的心理垫底,他永恒地将自己定位为一个捅破窗户纸的人、一个充满风险的人、一个泄密者、一个同盟中的异端、一个孤立者、一个被谩骂者、一个悲壮者。

这个有性格的老人"不识时务"的举动,使他在公众中赢得"科学界真理斗士"的名字。科学圈外人因此知道了邹承鲁,也因此知道了科学界并非净土。

邹宗平说父亲把全部时间贡献给了工作,对她的教育便是放任自流。邹承鲁和李林并不强求她子承家业。后来的邹宗平确实也并未从事科学。但在邹承鲁生命垂危的最后时光,有一天他突然对女儿说,如果你搞科学多好,那我们家的墙上说不定就可以挂上四张院士像。女儿欢快地安慰父亲,没问题,过两天我就拍一张。

女儿未能从事科学并非邹承鲁心中最大的遗憾。他曾经尝试了一段退休的滋味,但不久又去所里上班了。他说,在我头脑清楚、身体健康的时候不让我工作是不可思议的事情。邹承鲁无数次表达,他人生最大憾事是自己真正用在科研上的时光太短了。

邹承鲁和他的同道恰恰是在政治风云变幻、科技条件简陋的情况下成功完成人工合成牛胰岛素。但他仍不无遗憾地坦承,自己最重要的科学成果都是在20世纪60年代做出来的。

以邹承鲁的天资、努力以及对科学真诚的热情,或许可以做出更多的事情来,但他无法逃脱时代给他的局限。

1970年,为了结束12年的两地分居,邹承鲁由上海调到北京生物物理所工作。"当时正值'文革',工作条件很差,既没有分光光度计,更没有可控温的离心机,再加上'文革'的影响,所遇到的困难远远超过第一次创业。当时我甚至没有一间实验室可以进行工作。"

所幸中美建交后,邹承鲁的师兄美国E.Smith教授率领第一个美国科学家代表团访问中国,行前他向中方要求参观邹承鲁的实验室。于是在代表团抵京前三个星期,在院领导指令下,邹承鲁获得了一间实验室。他马上四处借实验台柜、玻璃器皿等,连夜布置实验室。

"在Smith教授访问当天,所有的试剂瓶,无论标签是什么,里面都是自来水。幸运的是Smith教授访问后,我被允许保留这间实验室,这才有了一个容身之地。"

邹承鲁的实验室陆续得到一些最基本的装备均得益于他的剑桥师兄弟们的先后来访。若干年后,邹承鲁访问美国,见到Smith教授谈及此事。教授说,当时我一眼就看出来你什么也没干。

邹承鲁一直在一种追赶时间的心态下工作。所以他拼命,所以他着急。他的痛苦在于旧时没有安定的科学环境,如今有了,人却浮躁了。所以他愤怒,所以他批判。

北京万寿寺路上有一个静谧的院落,那里便是李四光纪念馆,这个私人性质的纪念馆也是邹承鲁和李林的寓所。2002年李林去世后,邹承鲁便独居于此。

女儿邹宗平说,晚年的父亲总是摔跟头,腿摔断后里面打了五个钢针。在岳父李四光和夫人李林画像中投下的目光里,在这个空旷家中,孤独的邹承鲁每天拖着拐杖踽踽前行,仍在走路,仍在工作。而如今,他那被黑纱缠绕的遗像终于并存于他的亲人当中。

一位以"敬仰邹先生的后辈"自称的年轻人发来唁电:学术打假斗士去世了……希望他一路走好,也希望中国的学术腐败有所遏制!华人科学家饶毅曾说,在中国社会讨论学术界不良风气的背景下,邹承鲁这些人的存在,说明中国科学界好的传统仍然在继续。

如今邹承鲁走了,他留下的精神空位谁又能填补?

(摘自:赵凌,南方周末,2006)

6.3.2   忠诚

工程师的职责是使用技术知识和专业训练创造对组织及其顾客有价值的产品,但由于雇主对工程师所做的大部分工作或所提供的大多数信息无法一一加以校核,因此,工程师对雇主负有特殊的义务,即具备忠诚、诚实、正直、能干、勤奋、谨慎等美德,不能辜负雇主对他们的信赖。其中,"雇主(或委托人)的忠诚"已成为工程师必须具备的伦理素质和必须遵守的伦理原则之一。

美国国家职业工程师协会伦理章程"准则4"中就特别强调:"工程师必须作为忠诚的代理人和受托人为雇主和客户从事职业事务。"美国土木工程师协会也在其伦理章程的"基本准则4"中规定:"工程师应当作为可靠的代理人或受托人为每一个雇主或者客户服务,并尽量避免利益冲突。"

工程师作为一名雇员,对组织忠诚是顺理成章之事。工程师不能与大公司或政府组织分离,不仅由于这些组织雇用了大量的工程师,而且工程师本身也成为他们管理的部分,这不是信口雌黄,而是由工程以及工程活动的结构所决定的;另外是因为工程师的工作性质,使其最了解项目中潜伏的问题,例如工程存在质量缺陷产品设计尚待优化,施工安全系数不高,等等。工程师在遭遇这些问题时,不能蓄意欺瞒,而应及时向管理层如实汇报,及时寻求解决对策。

【案例】赵氏孤儿的故事

故事讲述的是2500年前的春秋时期,随着战功赫赫的赵氏家族的权利和威望不断壮大,国王晋灵公都恐惧不已。而将军屠岸贾一直都受到赵氏的排挤,于是借助赵朔胜仗庆功之日,设计以弑君之罪,一日内便杀死了赵氏族长赵盾和长子赵朔等赵氏家族300余人。而赵朔妻子,庄姬此时生下儿子。为了保住赵氏唯一的香火,她自杀以换让韩厥放程婴带赵武走。当韩厥受屠岸贾之命冲进庄姬府逮捕怀孕的庄姬时,程婴正在府上,在庄姬得到变故后要求程婴让自己把孩子生下来,当韩厥冲进来时,庄姬把婴儿藏在了程婴的药箱当中,并指挥程婴把婴儿带出去。屠岸贾赶来时,找不到婴儿,一怒之下挥剑砍在了韩厥的脸上,并下令封锁城门全力搜捕婴儿——赵氏孤儿赵武。

程婴把孩子带回家后交给妻子照顾,自己去找赵氏的老友大夫公孙杵臼求助,商量之下利用其贵族身份把赵武带出城去,当他们赶到程婴家,发现妻子在屠岸贾搜查之时为保自己家孩子把赵武交给了屠岸贾,而生性多疑的屠岸贾不信其手中的婴儿是赵武,正相反,在他眼里程婴的儿子才是真正的赵武,把他一把摔死。反倒把真正的赵武放了。而程婴因献"赵氏孤儿"被收为门客。程婴在屠岸贾的眼皮底下把赵武养大,认屠岸贾作干爹习武、读书,并找机会复仇。韩厥刺杀屠岸贾,屠岸贾重伤,赵武以死要挟程婴灵药治疗屠岸贾。

赵武、屠岸贾在程婴面前确认了所有真相,屠岸贾杀了程婴,赵武借机一剑刺死了屠岸贾。

(改自:纪君祥,元杂剧·冤报冤赵氏孤儿)

"忠诚"不仅代表理性思考后的情感认同,而且也包含主动建构良好形象的行为意愿,因此有必要区分"愚忠"和"负责的忠诚"。

"愚忠"指将雇主的利益置于其他任何考虑之上,就像雇主对其自身利益所界定的那样。塔尔科特·帕森斯指出,角色是个人为整体的组合,包含个人的实际行动及与行动者相关的互补角色对行动者的期望。雇主和管理者都期望工程师成为对组织利益绝对忠诚的看门人,缺失了"愚忠",组织内部忠诚和纪律的连接纽带将会消失,举报上司将成为一种司空见惯的行为,这不仅会降低生产效率,也会引发组织内乱,连带损害公共利益。

"负责的忠诚"指对雇主的利益予以应有的尊重,而这仅在对雇员个人的职业伦理的约束下才可能。很多注重良知与良心的工程师,赞同批评的忠诚,认为对组织不加批评的忠诚将会严重剥夺个体的自主性和道德的完整性,进而埋没工程师的真知灼见,最终陷公司于险境之中。

忠诚原则要求工程师必须忠于专业判断,坚持职业道德,不能违心地为不正当工程活动辩护。但进一步分析,忠诚于职业判断在本质上与忠诚于雇主相一致。一则,公司承接的项目直接与社会公众的安全、健康和福祉紧密相连,工程师做出有利于社会公众的选择,等同于公司很好地履行了社会义务。二则,忠诚于职业判断使公司免于社会形象受损或法律诉讼。三则,忠诚于职业判断意味着雇员的自我价值在完成组织工作的过程中得以实现,雇员体验到参与的乐趣、工作成果获得认同的愉悦以及个人目标达成的成就感。而忠诚于雇主表明工程师获得公司不歧视、无偏见的公正对待。

工程师忠于雇主并非绝对服从,而是由对雇主"愚忠"走向负责的忠诚。负责的忠诚并不代表工程师决定采取违背雇主意愿的行为时,必然走向两败俱伤的囚徒困境。无论工程师的行为是对立行为的不服从、不参与的不服从,还是抗议的不服从,都应当以一种负责任的中庸之道妥善处理。负责的忠诚可视为一种试图同时才满足两种要求的中间方式,仅仅当不与最基本的个体伦理或职业责任相冲突的时候,工程师应该成为忠诚的雇员。

【案例】《中国工程师信守规条》演变历程

中国工程师学会是民国时期中国最优号召力的工程师职业社团和工程学术团体,该学会于1933年提出的《中国工程师信守规条》是成为最早的中国工程师职业伦理守则,其内容体现特定历史时期中国工程师职业团体的伦理意识。

中国工程师学会于1933年首次修订《中国工程师信守规条》,其内容包含6条准则:

(1)不得放弃或不忠于职务;

(2)不得收受非分之报酬;

(3)不得有倾轧排挤同行之行为;

(4)不得直接或间接损害同行之名誉或者业务;

(5)不得以卑劣之手段,竞争业务或者位置;

(6)不得有虚伪宣传或者其他有损职业尊严之举动;

这6条准则都是以禁止不当行为的方式,提出了工程师对于客户或雇主、同行以及职业所负有的责任。作为最早的两个职业工程师伦理守则,美国电气工程师协会(AIEE)和美国土木工程师协会(ASCE)伦理守则是20世纪20年代美国以及其他国家职业工程师社团制订伦理守则的参考样本,而这守则则是中国工程师学会1933年初次制订伦理守则时所参考的范本。

1940年,在成都举行的中国工程师学会第九次年会提出了工程师对国家民族的责任。1941年,中国工程师学会第十届年会通过了修订案,将《中国工程师信守规条》更名为《中国工程师信条》。修订后的8条准则是:

(1)遵从国家之国防经济建设政策,实现国富实业计划;

(2)认识国家民族之利益高于一切,愿牺牲自由贡献能力;

(3)促进国家工业化,力谋主要物质之自给;

(4)推行工业标准化,配合国防民生之需求;

(5)不慕虚名,不为物质,维持职业尊严,遵守服务道德;

(6)实事求是,精益求精,努力独立创造,注重集体成就;

(7)勇于任事,忠于职守,更须有互助亲爱精诚之合作精神;

(8)严以律己,恕以待人,并养成整洁朴素迅速确实之生活习惯;

相比"1933年信条","1941年信条"的内涵已经超越了行业协会规则的局限。它一方面强调国家和民族利益，具有很强的政治色彩；另一方面减少了职业群体的指向性，使得该信条具有了更广的涵盖面。这是由于当时中国人民正处于艰难抗日战争的第四年，战争凸显了工业的重要性，工程师更是被赋予关系民族存亡的重任。

1949年新中国成立之后，中国工程师学会总部迁到中国台北。1976年将《中国工程师信条》进行修订。1996年再次修订《中国工程师信条》，并在台湾地区沿用至今。"1996年信条"包含四则八条，依次概括出工程师对社会、对专业、对雇主以及对同僚的责任，其内容如下：

(1)工程师对社会的责任

守法奉献：恪守法令规章、保障公共安全、增进民众福祉；

尊重自然：维护生态平衡、珍惜天然资源、保存文化资产。

(2)工程师对专业的责任

敬业守分：发挥专业技能、严守职业本分、做好工程实务；

创新精进：吸收科技新知、致力求精求进、提升产品品质。

(3)工程师对业雇主的责任

真诚服务：竭尽才能智慧、提供最佳服务、达成工作目标；

互信互利：建立相互信任、营造双赢共识、创造工程佳绩。

(4)工程师对同僚的责任

分工合作：贯彻专长分工、注重协调合作、增进作业效率；

承先启后：矢志自励互勉、传承技术经验、培养后进人才。

(节选自：苏俊斌，曹南燕.浅述中国工程师伦理意识[D].北京：清华大学，2018)

6.3.3 举报

当个人不认同"潜规则"时，便产生了文化冲突。"内部吹哨的人"这个词借自体育比赛。当有人在竞赛中做出违规行为和工作时，裁判就会吹哨子警告，后来就被用来指代内部和外部的检举，举报违法违规事项的人。举报是雇员向有关部门告发雇主的不道德活动，从而使这种不道德活动得到制止的行为。通过举报这种方式，工程师向我们表明：同雇主的利益、工程师自己的事业和物质福利相比，公众的健康、安全、福祉应该获得优先考虑。

一些伦理章程鼓励处于利益冲突中的工程师，将有可能影响其职业判断的情况告知客户，如美国国家职业工程师协会(NSPE)伦理章程第二部分"4.a条款"要求工程师"披露所有已知的或潜在的利益冲突，将任何会影响或似乎会影响他们职业判断或工程质量的金钱利益、商业联系或者其他情况，及时坦白地告诉雇主或客户"。马丁·路德·金也说："当一个人接受罪恶，纵然是被动的，但他的责任，跟那些主动参与其中的人，其实没两样。当一个人容忍罪恶而没有伸张正义，他就成了帮凶。"并且，"历史将会记下，在社会转型期，最大的悲剧不是坏人的刺耳叫嚣，而是好人的过分沉默"。

工程师举报行为在什么情况下是道德的？美国学者理查德·T·德·乔治总结出"举报的道德指导原则"，即当满足以下五个条件时，工程师的举报在道德上是被允许的：①

如果由产品造成的对公众的伤害是严重的和明显的;②雇员已经向他们的上级报告了他们的担心;③雇员从他们的上级那里没有得到满意的结果且他们也用尽了机构内部所有的渠道;④他们已经记录下证据,这些证据将使理性、无偏见的观察者确信他们对形势的看法是正确的、公司的政策是错误的;⑤存在强有力的证据证明公开信息能够防止将要降临的严重伤害的发生。

举报行为在什么情况下是不道德的?如果有证据表明员工的动机是为了经济上的收益或者引起媒体的关注,或者员工是为了个人恩怨进行报复,那么举报行为的合法性会受到质疑。美国为了鼓励告密者,1986年颁布了《告密者法》,规定支付告密者诉讼期间所得公司法律罚金的30%。这就产生了一系列的文化:丑事很容易被曝光。例如:美国纽约市的贝斯以色列医院财务服务前主席纳杰姆丁·佩尔韦兹以举报人的身份于2001年向纽约市地方法院提起诉讼,指控医院在1992—2001年篡改医疗费用报告,佩尔韦兹先生期望得到罚金(大约1 500万美元)的20%。2005年医院同意支付罚金927万美元,这就是为私利进行举报。

但是,对任何一位多年忠诚于组织的雇员而言,举报组织是一件相当痛苦之事。举报者常常被解雇、调动或被视为捣乱者。举报不仅会使其事业、前途以及福祉严重受损,而且也会带来严重的精神创伤。例如,某地铁工程建设过程中,被返聘的高级工程师钟某在网上披露了正在施工的联络通道中存在虚报检测结果、隐瞒施工缺陷等质量问题。其在事件曝光后遭到领导无视与同事唾弃,不仅被立即调离原岗位,而且本应获得的薪酬及多项奖金补助也被减少或取消,甚至还接到恐吓电话。几个月后,公司便以合同到期为由与其解除了雇佣关系。

6.4 案例分析

【案例Ⅰ】梁思成与北京城市发展

"拆掉一座城楼,像挖去我一块肉;剥去了外城的城砖,像剥去我一层皮。……五十年后,会有人后悔的。"

——梁思成

1949年5月,梁思成被任命为北京市都市计划委员会副主任。上任伊始他四处写信,邀请国内建筑专家来北京筹建国家建筑设计机构,随后形成《城市的体形及其计划》,梁思成的本意是想吸取西方工业化国家百年来的发展经验,解决中国工业化过程中的城市问题,希望把北京建成像华盛顿那样"风景优美、高度绿化、不发展大规模工业的政治文化中心","能像罗马和雅典那样的世界旅游城市"。遗憾的是梁思成的这些设想并没有引起有关方面的重视。

1949年9月19日,梁思成致信当时的北平市市长聂荣臻:"荣臻将军市长:北京都市计划委员会成立之初,我很荣幸地被聘,忝为委员之一,我就决心尽其绵力,为建设北京而服务。现在你继叶前市长之后,出来领导我们,恕我不忖冒昧,在欢欣拥戴之热情下,向我的市长兼主任委员略陈管见。……近来听说有若干机关,对于这一个主要原则或尚不明了,或尚不知这应经过的步骤,竟未先征询市划会的同意,就先请得上级的批准,随意地兴建起来。这种办法若继续下去,在极短的期间内,北平的建筑工作即将呈现混乱状态,即将铸成难以矫正的错误。……我们人民的首都在开始建设的时候,必须'慎始',在'都市计划法规'未颁布之先,我恳求你以市长兼计委主任的名义布告各级公私机关团体和私人,除了重修重建的建筑外,凡是新的建筑,尤其是现在空地上新建的建筑,无论大小久暂,必须事先征询市计划委的意见,然后开始设计制图。若连这一点都办不到,市划委就等于虚设,根本没有存在的价值了。"1950年2月,梁思成和留学英国利物浦大学建筑学院、师从著名都市规划大师阿伯克隆比爵士研究都市计划立法的我国著名规划学家陈占祥一起,向当局递交了他们草拟的《关于中央人民政府行政中心位置的建议》(即著名的"梁陈方案")。方案依照古今兼顾、新旧两立的原则,从占地面积、交通联系、长远发展等几个方面详细论证,建议从北京的长远发展考虑,应将新的行政中心放在京城西郊,而将拥有众多文化遗址的旧城完整地保存下来。之后,梁思成写下《北京城墙存废问题的辩论》一文。在这篇文章中,梁思成大声疾呼:"城墙不但不应拆除,且应保护整理,与护城河一起作为一个整体的计划,善于作用,使它成为将来北京市都市计划中的有利的、仍为现代所重用的一座纪念性的古代工程。"

但北京并没有按梁思成所想的那样进行改造。相反,在当时,却来自苏联专家的建议。1953年11月,北京市委决定,要打破旧的格局给予我们的限制和束缚,行政区域要设在旧城中心,并且要在北京首先发展工业。自此,北京古建筑开始被大规模地拆除。

【案例Ⅱ】"挑战者"号灾难的事件

1986年的"挑战者"号航天飞机爆炸,成为人类航天史上最为严重的一次事故。1986年1月28日,佛罗里达州的卡纳维拉尔角,室外的气温低至零下8摄氏度。美国宇航局的"挑战者"号航天飞机静静地竖立在高耸的发射塔上,即将开始它的第10次飞行,事实证明,这次飞行,将是"挑战者"号航天飞机5年生命中的最后一次发射。11:38分,任务控制人员按下了发射按钮,"挑战者"号在一阵巨大的隆隆声中艰难起飞,45秒的时候,直播画面显示,航天飞机的右翼下出现一道不明闪光,48秒的时候,连续出现了两道异常闪光,73秒的时候,"挑战者"号的助推火箭爆炸,7名宇航员葬身火海。

事故发生5个月后,一个独立的调查委员会提交了一份调查报告,报告显示,航天飞机的助推火箭上一个O形密封圈的破裂,是导致火箭发生爆炸的主要原因。实际上,在"挑战者"号发射前一天的夜里,一名助推火箭工作人员已经发现了这个问题,并且通过渠道向美国宇航局(NASA)提出了紧急建议,要求推迟或者取消这次发射任务。这名工作人员得知第二天的气温在零度以下,而那个后来发生问题的O形密封圈没有在如此低的温度环境中进行过测试,因此,他们公司认为如果美国宇航局坚持发射,可能导致密封圈在低温中破裂,从而发生不可预知的后果。美国宇航局随后同莫顿聚硫橡胶公司进行了一次紧张的6个小时的电话会议,苦口婆心力劝美国宇航局的高层推迟"挑战者"的发射,最后,NASA坚持认为发射可以如期进行,随后,惨剧发生了。

悲剧发生后的第三周,悲愤与悲痛使工程师罗杰·博伊斯乔利还无法表达内心的无奈与痛苦,他对 NPR 记者 Daniel 说:他像疯子一样阻止这场发射,他内心充满恐惧。因为气温如此寒冷,发射的后果不堪设想!

"挑战者"号灾难事件的发生,已经成为许多美国商学院经典案例分析中的其中之一,唯有反思再反思、警示再警示,才能避免或者化解历史进程中,不可避免或者准确预知的各种灾难!

[节选自:麦克·W.马丁(Mike W.Martin),罗兰·辛津格(Roland Schinzinger).工程伦理学[M].北京:首都师范大学出版社,2010]

案例思考:请结合以上材料说明工程师的职业角色和道德。

6.5　小结

当代工程是工程共同体集体行动的智慧的结晶,工程共同体是工程活动的主体。当代工程出现了诸多的伦理问题,工程共同体集体行动也面临多重伦理困境,由此,工程共同体集体行动日益成为社会和学界关注的热点。

歌德曾经说过:"世界上只有两样东西能引起人内心的震动,一个是我们头顶上灿烂的星空,一个就是我们心中崇高的道德准则。"工程师的职业道德,取决于我们对行业的认同度,内心对自己本行业有多少崇敬。工程具有公共性、生态性、综合性、艺术性、生命性、多层次、边缘性等特点,因此,工程师应该是一个复合型人才。从工程师职业工作内容看,工作领域广,其专业内容已快速拓展到社会发展的各行各业,在区域尺度上研究个体与整体之间的关系,以及由此引发的社会和谐发展的社会性问题,从本行业设计研究到大型工程修复与设计。工作理论研究与工程实践范围,都是集艺术、工程技术、环保于一体的应用型专业,其核心是人类社会的建设。工程师要运用自己的研究成果,选择并创造一种有利于社会发展和人类生存的环境。

思考题

1.很多企业都要求员工要忠诚于企业,为企业利益而努力奋斗,试从工程师的职业伦理角度分析员工对企业的忠诚。

2.结合现代建设工程的全过程建设与管理,试谈一下你对"工程共同体"的理解。

7 工程师与环境

【引例】

　　阿斯旺水坝位于埃及境内的尼罗(Nile)河干流上,在首都开罗以南约800千米的阿斯旺城附近,是一座大型综合利用水利枢纽工程,具有灌溉、发电、防洪、航运、旅游、水产等多种效益。阿斯旺水坝是一座巨型水坝,靠近纳赛尔湖(图7-1)。

图7-1　阿斯旺水坝

　　阿斯旺水坝位于埃及境内的尼罗(Nile)河干流上,在首都开罗以南约800千米的阿斯旺城附近,是一座大型综合利用水利枢纽工程,具有灌溉、发电、防洪、航运、旅游、水产等多种效益。大坝为黏土心墙堆石坝,最大坝高111米,当最高蓄水位183米时,水库总库容1 689亿立方米,电站总装机容量210万千瓦,设计年发电量100亿千瓦·时。工程于1960年1月9日开工,1967年10月15日第一台机组投入运行,1970年7月15日全部机组安装完毕并投入运行,同年工程全部竣工。坝址位于阿斯旺老坝上游7千米处的水库回水区内,水深30~35米。坝址河谷宽约500米,两岸边坡下陡上缓,高出河底100米处的河谷宽约为3 600米。河谷呈南北向,在变质岩、火成岩中切割而成。右岸为变质岩系,主要为混合岩,左岸除混合岩外,尚有花岗岩及火山岩,上部还有努比亚砂岩,岩体受一系列断层切割,左、右岸基岩出露。河床基岩埋藏很深,覆盖层最大深度达225米,主要为砂层。上部为细砂,厚约20米;其下为粗砂、砾石相间;在低于河床120~130米以下为弱透水的第三纪地层,由砂岩、细砂、粗砂、砂质炉姆及半坚硬黏土组成。

　　坝址位于阿斯旺水坝上游7千米处的水库回水区内,水深30~35米。坝址河谷宽约500米,两岸边坡下陡上缓,高出河底100米处的河谷宽约为3 600米。

大坝为黏土心墙堆石坝,最大坝高 111 米,当最高蓄水位 183 米时,水库总库容 1 689 亿立方米,电站总装机容量 210 万千瓦,设计年发电量 100 亿千瓦·时。工程于 1960 年 1 月 9 日开工,1967 年 10 月 15 日第一台机组投入运行,1970 年 7 月 15 日全部机组安装完毕并投入运行,同年工程全部竣工。

　　如今的阿斯旺水坝所使用的花岗岩,比胡夫金字塔用掉的还多,足见其宏伟壮观。12 座发电机,不仅可供应埃及的电力,还可提供其他阿拉伯国家使用。

　　阿斯旺水坝于 1960 年开始建造,竣工于 1970 年,在世界大坝中排名第 11。但是它的坝面积超过了它的坝高,长度则跨越了尼罗河 3 千米。由苏联设计了前期工程,并提供了一座电站的设备。水坝的建成对埃及的社会发展起了巨大的作用,其南面 500 多千米河段上形成的纳赛尔湖为埃及合理利用水源提供了保障,供应了埃及一半的电力需求,并阻止了尼罗河每年的泛滥。

　　阿斯旺水坝位于阿斯旺城南 6 千米处的山口地带,由主坝、溢洪道和发电站三部分组成。主坝全长 3 600 米,坝基宽 980 米,坝顶宽 40 米,坝高 111 米,所使用的建筑材料约 4 300 万立方米,其体积相当于开罗西郊胡夫大金字塔的 17 倍,堪称世界七大水坝之一。

　　水坝是一项集防洪、灌溉、航运、发电为一体的综合利用工程,1964 年尼罗河曾发生历史上罕见的大洪水,由于当时阿斯旺高坝第一期工程已经完成,已能蓄水防洪,使埃及人民避免了一场灾难。从那时起,阿斯旺高坝一次又一次成功地化解了尼罗河洪水对埃及的威胁。

　　新的阿斯旺高坝全长 3 600 米,底层宽度 980 米,顶层宽度 40 米,高 111 米,体积 4 300 万立方米,属于大型重力坝,最高每秒流量 11000 立方米,其拦河而成的纳赛尔湖(又称纳赛尔水库),是世界第七大水库,长 550 千米,宽 35 千米,面积达 5 250 平方千米,体积达 132 立方千米。

　　工业方面,水坝拥有 12 组 175 兆瓦发电机,总功率为 2 100 兆瓦,1967 年开始发电,1998 年发电量占埃及总发电量的 15%,最高峰时发电量占埃及全国的一半,甚至可向邻国输出电力。

　　农业方面,水坝有效减小了 1964 年、1973 年的大洪水和 1972—1973 年和 1983—1984 年的旱灾造成的危害。在几乎全非洲都在闹饥荒的时候,埃及的粮食基本自给自足。水库还发展了渔业,由于离消费市场距离太远,渔业的收入并不高。

　　另一个特别的利益是从此埃及摆脱了其不友好的邻国苏丹有机会对埃及命脉尼罗河水的控制。因为如今绝大多数的埃及人都工作、居住在尼罗河谷,埃及还在计划从纳赛尔湖引出另外一条和尼罗河平行的水道,扩大经济面积。

　　阿斯旺水坝的建造也带来了一系列的问题:

　　(1)大坝工程造成了沿河流域可耕地的土壤肥力持续下降。大坝建成前,尼罗河下游地区的农业得益于河水的季节性变化,每年雨季来临时泛滥的河水在耕地上覆盖了大量肥沃的泥沙,周期性地为土壤补充肥力和水分。可是,在大坝建成后,虽然通过引水灌溉可以保证农作物不受干旱威胁。但由于泥沙被阻于库区上游,下游灌区的土地得不到营养补充。所以土壤肥力不断下降,致使农业减产。

　　(2)修建大坝后沿尼罗河两岸出现了土壤盐碱化。由于河水不再泛滥,也就不再有雨季的大量河水带走土壤中的盐分，而不断的灌溉又使地下水位上升，把深层土壤内的盐分带到地表，再加上灌溉水中的盐分和各种化学残留物的高含量，导致了土壤盐碱化。

（3）库区及水库下游的尼罗河水水质恶化，以河水为生活水源的居民的健康受到危害。大坝完工后水库的水质及物理性质与原来的尼罗河水相比明显变差了。库区水的大量蒸发是水质变化的一个重要原因。另一个原因是，土壤肥力下降迫使农民不得不大量使用化肥，化肥的残留部分随灌溉水又回流尼罗河，使河水的氮、磷含量增加，导致河水富营养化，下游河水中植物性浮游生物的平均密度增加了，由160毫克/升上升到250毫克/升。此外，土壤盐碱化导致土壤中的盐分及化学残留物大大增加，即使地下水受到污染，也提高了尼罗河水的含盐量。这些变化不仅对河水中生物的生存和流域的耕地灌溉有明显的影响，而且毒化尼罗河下游居民的饮用水。

（4）河水性质的改变使水生植物及藻类到处蔓延，不仅蒸发掉大量河水，还堵塞河道灌渠等。由于河水流量受到调节，河水混浊度降低，水质发生变化，导致水生植物大量繁衍。这些水生植物不仅遍布灌溉渠道，还侵入了主河道。它们阻碍着灌渠的有效运行，需要经常性地采用机械或化学方法清理。这样，又增加了灌溉系统的维护开支。同时，水生植物还大量蒸腾水分，据埃及灌溉部估计，每年由于水生杂草的蒸腾所损失的水量就达到可灌溉用水的40%。

（5）尼罗河下游的河床遭受严重侵蚀，尼罗河出海口处海岸线内退。大坝建成后，尼罗河下游河水的含沙量骤减，水中固态悬浮物由1600毫克/升降至50毫克/升，浑浊度由30~300毫克/升下降为15~40毫克/升。河水中泥沙量减少，导致了尼罗河下游河床受到侵蚀。大坝建成后的12年中，从阿斯旺到开罗，河床每年平均被侵蚀掉2厘米。预计尼罗河道还会继续变化。大概要再经过一个多世纪才能形成一个新的稳定的河道。河水下游泥沙含量减少，再加上地中海环流把河口沉积的泥沙冲走，导致尼罗河三角洲的海岸线不断后退。一位原埃及士兵说，他曾站过岗的灯塔如今已陷入海中，距离海岸竟然有1~2公里之遥。

（6）因水坝而建的纳瑟人工湖泊（Lake of Nasser）壮阔，但却严重威胁到岸边的古迹神殿，有不少沉入湖中。联合国教科文组织（UNESCO）为此发动了一连串救援活动，虽然抢救回部分古迹，但仍有非常珍贵的文化遗产惨遭灭顶。

由于大坝设计的时候对环境保护的认识不足，大坝建成后对埃及的经济起了巨大推动作用的同时也对生态环境造成了一定的破坏。

其一：大坝使泥沙滞留于库区，使下游丧失了大量富有养料的泥沙沃土。由于失去了泥沙沃土，尼罗河河谷和三角洲的土地开始盐碱化，肥力也丧失殆尽，三角洲受到海水入侵，海岸线后退。如今，埃及是世界上最依赖化肥的国家。具有讽刺意味的是：化肥厂正是阿斯旺水电站最大的用户之一。

其二：水坝严重扰乱了尼罗河的水文。原先富有营养的泥沙沃土沿着尼罗河冲进地中海，养活了在尼罗河入海处产卵的沙丁鱼。如今沙丁鱼已经绝迹了。这对此后一些国家和地区的大型水坝建设工作起了警示作用。

（案例来源：王进，彭妤琪.土木工程伦理学[M].武汉：武汉大学出版社，2020）

案例思考:面对阿斯旺水坝建设的意义和存在的问题,作为工程师应采用哪种态度正确对待? 如何处理好工程环境伦理问题?

7.1　工程伦理与环境

7.1.1　环境伦理概述

自 20 世纪中期以来,随着科学技术的突飞猛进,人类以前所未有的速度创造着社会财富与物质文明,但同时也严重破坏着地球的生态环境和自然资源,如由于人类无节制地乱砍滥伐,致使森林锐减、土地沙漠化、生物多样性减少、地球升温等一系列全球性的生态危机。这些严重的环境问题给人类敲响了警钟。世界各国认识到生态恶化将严重影响人类的生存,不仅纷纷出台各种法律法规以保护生态环境和自然资源,而且开始思考如何谋求人类和自然的和谐统一,由此便产生了环境伦理观的发展。

人类生存的空间及其中可以直接或间接影响人类生活和发展的各种自然因素称为环境。通常按环境的属性,可以将环境分为自然环境和人文环境。自然环境,通俗地说,是指未经过人的加工改造而天然存在的环境,是客观存在的各种自然因素的总和。人类生活的自然环境,按环境要素又可分为大气环境、水环境、土壤环境、地质环境和生物环境等,主要就是指地球的五大圈——大气圈、水圈、土圈、岩石圈和生物圈。人文环境是人类创造的物质的、非物质的成果的总和。物质的成果指文物古迹、绿地园林、建筑部落、器具设施等;非物质的成果指社会风俗、语言文字、文化艺术、教育法律以及各种制度等。这些成果都是人类的创造,具有文化烙印,渗透人文精神。人文环境反映了一个民族的历史积淀,也反映了社会的历史与文化,对人的素质提高起着培育熏陶的作用。自然环境和人文环境是人类生存、繁衍和发展的摇篮。根据科学发展的要求,保护和改善环境,建设环境友好型社会,是人类维护自身生存与发展的需要。

人生活在一定的环境中,人类是环境的产物,又是环境的创造者与改造者,人与环境的关系是相辅相成的。一个人从小到大,其周围的客观环境都会发生许多变化,一方面,人们必须通过学习,努力使自己的思想、行为适应周围的环境,以求达到与环境的协调一致;另一方面,人们又通过主观努力,去改造旧环境,创造一个与人们当代生活相适应的新环境。其最终目标都是要达到人与环境之间的一种相互适应和平衡。

人类活动对整个环境的影响是综合性的,而环境系统也是从各个方面反作用于人类,其效应也是综合性的。人类与其他的生物不同,不仅仅以自己的生存为目的来影响环境、使自己的身体适应环境,而是为了提高生存质量,通过自己的劳动来改造环境,把自然环境转变为新的生存环境。这种新的生存环境有可能更适合人类生存,但也有可能恶化了人类的生存环境。在这一反复曲折的过程中,人类的生存环境已形成一个庞大的、结构复杂的、多层次、多组元相互交融的动态环境体系。

环境伦理是指人与生态环境之间的一种利益分配和善意和解的紧密相关的关系,是人与自然的和谐共生关系。包括人与动物的和谐共生,人与植物的和谐共生,动物与动物的和谐共生,以及动物与植物的和谐共生,甚至是植物与植物之间的和谐共生关系。具体来说,就是保护所有动植物以及其所在的环境,也可以说是人类和自然环境之间的道德关系。

环境问题的实质不是环境对于我们的传统的需要而言的价值,而是对后现代文明而言的价值,简单来讲,就是环境在满足了人的生存需要之后,人类如何去满足环境的存在要求或存在价值,而同时满足人类自身的较高层次的文明需要。

7.1.1.1 中国环境伦理

中国古代先民在自然环境中遵循季节变换规律获取生存资源,从劳作经验中习得运用天时地利之法。中国文明可以说就是敬畏自然的文明。自然对于中国来说,是文明的灵感源泉。道家与儒家在追求生存的最高境界上具有相似之处,都主张人与自然的水乳交融,即天人合一,如"不竭泽而渔,不焚林而猎"。

老子说:"人法地,地法天,天法道,道法自然。"一切都要以道为法,道就是万事万物的是其所是、自然而然的不可解释的来由。冯友兰说:"道之作用,并非有意志的,只是自然如此。"最后,道法自然,自然是包括道在内的一切之母,"譬道之在天下,犹川谷之于江海"。混沌是一种自然天成的和谐秩序。荀子说:"天行有常,不为尧存,不为桀亡。"这些都体现出了人类对自然的敬畏,中国古代工匠根据道家"不闻鸡鸣犬吠之声"的要求建设了悬空寺(图7-2)。

悬空寺的建筑特色可以概括为"奇、悬、巧"三个字。远望悬空寺,像一幅玲珑剔透的浮雕,镶嵌在万仞峭壁间,近看悬空寺,大有凌空欲飞之势。悬空寺,共有殿阁40间,表面上只是由十几根碗口粗的木柱支撑,其实有的木柱根本不受力,从而使悬空寺外貌惊险、奇特、壮观。悬空寺处于深山峡谷的一个小盆地内,全身悬挂于石崖中间,石崖顶峰突出部分好像一把伞,使古寺免受雨水冲刷。山下的洪水泛滥时,也免于被淹。四周的大山也减少了阳光的照射时间,优越的地理位置是悬空寺能完好保存的重要原因之一。

图7-2 悬空寺

儒家传统更是给予环境伦理极大的文化助力。诸多独特的文化理念,如慎独、恻隐之心、中庸之道等,都在潜移默化地影响古代工匠的生态观。儒家要求人们按照中庸之道行事做人,不偏不倚谓之中,平平常常为之庸。中庸之道的道德规范迄今为止仍然是中国人的为人处世准则。儒家把自然视作有生命的存在,强调人与自然环境息息相通、和谐一体的思想,就是"天人合一"的思想。

7.1.1.2 西方环境伦理

西方环境伦理学的研究主要围绕三大主题进行:自然是否具有内在价值;人应对自然确立何种道德原则和行为规范;在现实生活中主要存在哪些环境伦理问题。杨通进在《当代西方环境伦理学》中介绍了西方环境伦理学形成的四个主要理论流派:人类中心主义、动物解放(权利)论、生物中心主义与生态中心主义。由于动物解放(权利)论与生物中心主义的思想可纳入生命中心主义,故也有三流派之说:人类中心主义、生命中心主义、生态中心主义。以此为基础,阐述人类中心伦理、生命中心伦理、生态中心伦理。

(1)人类中心伦理。康斯坦丁诺夫主编的《苏联哲学百科全书》(第一卷),人类中心(主义)词条这样写道:人类中心一词,源于希腊文"αγυρωποσ"——人和拉丁文"centrum"——中心。人类中心是一种同宗教和唯心主义有联系的反科学观念,认为人是宇宙的最终目的和宇宙的中心。是以人类为事物的中心的学说,指一切坚持"人是世界中心和最终目的"的观点,或认为人的价值是世界运转的中心,而世界顺势支持人的观点,即"人为万物之灵",而非"万物皆有灵"。

古希腊普罗塔哥拉的"人是万物的尺度"表达了最早的人类中心主义思想,它认为个别的人或人类是万物的尺度,即把人类作为观察事物的中心。文艺复兴时期以后的哲学家提出的大宇宙与小宇宙的学说把人看成小宇宙,认为人反映了整个宇宙,也是人类中心主义的表现。各种主观唯心主义认为人创造现实世界,人的精神或人的意志创造整个世界的观点,也反映了这种以人为宇宙中心的思想。后现代主义认为人类中心主义夸大了人改造世界的能力,颠倒了人与自然界的关系,必须反对,反对其主体性及把主体与客体即人与自然界对立的观点。

西方学者在20世纪70年代以后就提出了重构人类中心主义,到了90年代,人类中心主义的重构论(anthropocentricreformism)已成为美国环境哲学的三大组成部分之一(前两个组成部分是"激进的生态哲学"——与反文化运动有关的深生态学、生态女权主义和社会生态学等,以及"环境伦理学")。人类中心主义的重构论主张,环境问题的根源,既不是有关人类在自然界中的位置所持的人类中心主义态度,也不是体现那些态度的社会政治经济结构,相反,空气污染、水污染以及自然资源的极度浪费式利用等类似问题,根源于无知、贪婪和短视。要解决这类问题通常涉及诸多的社会因素的重构。

在西方,具有代表性的人类中心主义者有澳大利亚的哲学家J.帕斯莫尔、H.J.麦克洛斯基,以及美国植物学家W.H.墨迪、哲学家B.G.诺顿。他们的人类中心主义观点代表了现代人类中心主义观念的主流。

(2)生命中心伦理。生命中心伦理(biocentric ethics)拒绝人类中心论,主张以自然为中心看待自然事物的价值,倡导尊重生命个体,即对自然界的生物体给予道德考虑。其伦理特性是:①重视生命个体价值;②只有生命本身具有价值,物种和生态系则不具有价值。生命中心伦理可追溯至1789年边沁的"动物会感受痛苦"理论,此后倡导生命中心伦理的学说以阿尔贝特·史怀哲(Albert Schweitzer)的敬畏生命伦理(the ethic of reverence for life)和保罗·沃伦·泰勒(Paul Warren Taylor)的尊重自然(respect for nature)最具影响力。

边沁的"动物会感受痛苦"理论认为只要有感受苦和乐的能力,就应该纳入道德考虑的范围之内。引起最大痛苦的行为就是最不合伦理的行为,应该尽量减少动物受苦的程度和总量。

阿尔贝特·史怀哲的"敬畏生命"。阿尔贝特·史怀哲在1915年提出"敬畏生命"(reverence for life)概念,于1923年出版了《文明的哲学:文化与伦理学》一书,他因此成为西方环境伦理思想的先行者。"为在世界上所看到的痛苦而难过"的史怀哲,建议把道德共同体的范围扩大到自然界,认为所有的生物,包括昆虫和植物,都具有"天赋价值"而值得敬畏和尊重。他主张保护生命、彰显生命、维持生命并发扬生命的最高价值是一件善事,而毁灭生命、伤害生命、压抑生命的发展则是一种罪恶。依照史怀哲的思想,只有那些对一切生命都加以平等关怀且对生命负有无限责任的有德性之人,才是健全的人。

保罗·沃伦·泰勒的"敬畏自然"。对自然保持敬畏的态度,属于生命中心主义的自然观,主要源于四个理念:①人类与其他生物一样是地球生物共同体的成员;②自然界是一个互相依赖的系统,每一个生命的生存不仅依赖它所生存环境的物理条件,也依赖它与其他生命之间的关系;③每个有机体是一个具有目标导向、完整有序又协调的活动系统,所以具有内在目的性;④人类并非天生就比其他生物优越,人类无法透过禀赋来证明人类具有较高的能力。泰勒基于上述理念提出了"敬畏自然"(respect for nature)学说,认为所有生物都是"生命目的的中心",都具有"自身善"(a good of their own),都具备"天赋价值"(inherentworth),都值得从道德层面加以尊重。泰勒宣称,"环境伦理学所关心的是人与自然界间的伦理关系。规范这一伦理关系的原则决定着我们对地球及居住在地球上的所有动植物的义务和责任"。泰勒"敬畏自然"的学说,要求人类在与自然相处时,须遵循一系列伦理原则,包括对生命个体不作恶、不干涉、忠诚及重构公平,以充分体现生命中心主义自然观所蕴含的同球共济性、内在目的性、众生平等性、互相依存性等重要特质。

(3)生态中心伦理

生态中心主义(ecoccntrism)认为人类应当对生态系整体(包括生物、非生物、生态系和生态系过程等)给予伦理考虑。"生态中心伦理"(ecocentric ethics)具有如下伦理特性:①重视生态系整体价值;②在生态系整体之中,才能决定个体的角色和地位;③整体生态系的平衡和稳定重于个体生命的生存。重要的生态中心伦理理论包括美国哲学家利奥波德(Aldo Leopold)首创的"大地伦理"(the land ethic)和挪威哲学家阿伦·奈斯(Arne Naess)的"深层生态学"(deep ecology)。

利奥波德提出的"大地共同体"概念,使得共同体的范围得以进一步扩大,人们道德关怀的范围也日趋扩大,这促使人类的地位发生了显著变化——人类从大地共同体的征服者转变为只是大地共同体中的普通一员。这意味着,人类对大地共同体的义务也要有所改变——人类应该尊重他们的生物同伴,而且也应该以同样的态度去尊重大地共同体,要承担起对大地共同体其他成员(植物、动物、水、高山等)以及共同体本身的义务。

阿伦·奈斯在1972年提出了"浅"生态学和"深"生态学的区别,很快得到了学术界的承认。"浅"生态学的特点是把人和环境截然分开,以人类为中心,认为人类保护环境不是为了环境本身,而是因为环境对人类具有价值,它在哲学上坚持一种机械唯物论的形而上学观点。"深"生态学已远远超出了浅生态学的这种经验科学的狭隘范围,它否认"环境中人的形象,而赞成关联的、总体的形象",认为人和其他生物体一样,都是"生物网的网结",人并不是处于自然界之上或之外,而是构成生物群体的一个组成部分。它力求不以人类学为中心,生物体的非人成员的内在价值也应该给以肯定。这种关于"事物"相互联系及其不断变化的看法不证自明,它就是所谓深生态学的直觉。世界根本不能分为彼此独立存在的主体和客体,人类世界和非人类世界之间并不存在绝对的分界线,世界作为一个整体,是由各种因素相互联系而构成的一个有机系统。这种"无基础的、自我一致的"宇宙论,既不能被证明,也不能被证伪,因而是直觉的,是生态学促进"人与自然的统一"的一种直接意图或心声。绿色和平组织及其理论家正是以这种"不可分割的整体"观点为理论根据,去动员群众,开展保护生态环境,反对浪费自然资源的运动的。

7.1.2　建设工程环境管理的要求

随着全球经济的发展,人类赖以生存的环境不断恶化。20世纪80年代,联合国组建了世界环境与发展委员会,提出了"可持续发展"的观点。国际标准化组织制定的ISO14000体系标准,被我国等同采用。即《环境管理体系 要求及使用指南》(GB/T 24001—2016),《环境管理体系 通用实施指南》(GB/T 24004—2017)。

在《环境管理体系 要求及使用指南》(GB/T 24001—2016)中,环境是指"组织运行活动的外部存在,包括空气、水、土地、自然资源、植物、动物、人,以及它们之间的相互关系"。这个定义是以组织运行活动为主体,其外部存在主要是指人类认识到的、直接或间接影响人类生存的各种自然因素及其相互关系。

《环境管理体系要求及使用指南》(GB/T 24001—2016)中,建立环境管理体系的目的是"针对众多相关方和社会对环境保护的不断的需要",即主要目标是使公众和社会对环境保护满意。环境管理体系通过对环境产生不利影响的因素的分析,进行环境管理,满足相关法律法规的要求。

《环境管理体系要求及使用指南》(GB/T 24001—2016)是环境管理体系系列标准的主要标准,也是在环境管理体系标准中唯一可供认证的管理标准。

环境保护是我国的一项基本国策。环境管理的目的是保护生态环境,使社会的经济发展与人类的生存环境相协调。对于建设工程项目,环境保护主要是指保护和改善施工现场的环境。企业应当遵照国家和地方的相关法律法规以及行业和企业自身的要求,采取措施控制施工现场的各种粉尘、废水、废气、固体废弃物以及噪声、振动对环境的污染和危害,并且要注意节约资源和避免资源的浪费。

7.1.2.1　建设工程项目决策阶段

建设单位应按照有关建设工程法律法规的规定和强制性标准的要求,办理各种有关环境保护方面的审批手续。对需要进行环境影响评价的建设工程项目,应组织或委托有相应资质的单位进行建设工程项目环境影响评价。

7.1.2.2 建设工程设计阶段

设计单位应按照有关建设工程法律法规的规定和强制性标准的要求,进行环境保护设施的设计,防止因设计考虑不周而对环境造成不良影响。在工程总概算中,应明确工程环保设施费用和环境保护措施费等。设计单位和注册建筑师等执业人员应当对其设计负责。

7.1.2.3 建设工程施工阶段

建设工程项目必须满足有关环境保护法律法规的要求,在施工过程中注意环境保护,对企业发展、员工健康和社会文明有重要意义。

环境保护是按照法律法规、各级主管部门和企业的要求,保护和改善作业现场的环境,控制现场的各种粉尘、废水、废气、固体废弃物、噪声、振动等对环境的污染和危害。环境保护也是文明施工的重要内容之一。

《中华人民共和国水污染防治法》(2008修订)是为了保护和改善环境,防治水污染,保护水生态,保障饮用水安全,维护公众健康,推进生态文明建设,促进经济社会可持续发展而制定的法律。由中华人民共和国第十届全国人民代表大会常务委员会第三十二次会议于2008年2月28日修订,自2008年6月1日起施行。现行版本为2017年6月27日第十二届全国人民代表大会常务委员会第二十八次会议修正,自2018年1月1日起施行。

《中华人民共和国环境影响评价法》是为了实施可持续发展战略,预防因规划和建设项目实施后对环境造成不良影响,促进经济、社会和环境的协调发展,制定的法律。由第九届全国人民代表大会常务委员会第三十次会议于2002年10月28日修订通过,自2003年9月1日起施行。现行版本为2018年12月29日,第十三届全国人民代表大会常务委员会第七次会议第二次修正。

根据《中华人民共和国环境保护法》和《中华人民共和国环境影响评价法》的有关规定,建设工程项目对环境保护的基本要求如下:

(1)涉及依法划定的自然保护区、风景名胜区、生活饮用水水源保护区及其他需要特别保护的区域时,应当符合国家有关法律法规及该区域内建设工程项目环境管理的规定,不得建设污染环境的工业生产设施。建设的工程项目设施的污染物排放不得超过规定的排放标准;已经建成的设施,其污染物排放超过排放标准的,限期整改。

(2)开发利用自然资源的项目,必须采取措施保护生态环境。

(3)建设工程项目选址、选线、布局应当符合区域、流域规划和城市总体规划。

(4)应满足项目所在区域环境质量、相应环境功能区划和生态功能区划标准或要求。

(5)拟采取的污染防治措施应确保污染物排放到国家和地方规定的排放标准,满足污染物总量控制要求;涉及可能产生放射性污染的,应采取有效预防和控制放射性污染措施。

(6)建设工程应当采用节能、节水等有利于环境与资源保护的建筑设计方案、建筑材料、装修材料、建筑构配件及设备。建筑材料和装修材料必须符合国家标准。禁止生产、销售和使用有毒、有害物质超过国家标准的建筑材料和装修材料。

（7）尽量减少建设工程施工中所产生的干扰周围生活环境的噪声。

（8）应采取生态保护措施，有效预防和控制生态破坏。

（9）对环境可能造成重大影响、应当编制环境影响报告书的建设工程项目，可能严重影响项目所在地居民生活环境质量的建设工程项目，以及存在重大意见分歧的建设工程项目，环保部门可以举行听证会，听取有关单位、专家和公众的意见，并公开听证结果，说明对有关意见采纳或不采纳的理由。

（10）建设工程项目中防治污染的设施，必须与主体工程同时设计、同时施工、同时投产使用。防治污染的设施必须经原审批环境影响报告书的环境保护行政主管部门验收合格后，该建设工程项目方可投入生产或者使用。防治污染的设施不得擅自拆除或者闲置，确有必要拆除或者闲置的，必须征得所在地的环境保护行政主管部门同意。

（11）新建工业企业和现有工业企业的技术改造，应当采取资源利用率高、污染物排放量少的设备和工艺，采用经济合理的废弃物综合利用技术和污染物处理技术。

（12）排放污染物的单位，必须依照国务院环境保护行政主管部门的规定申报登记。

（13）禁止引进不符合我国环境保护规定要求的技术、设备、材料和产品。

（14）任何单位不得将产生严重污染的生产设备转移给没有污染防治能力的单位使用。

《中华人民共和国海洋环境保护法》（1999 年修订）是为了保护和改善海洋环境，保护海洋资源，防治污染损害，维护生态平衡，保障人体健康，促进经济和社会的可持续发展，制定的法律。由中华人民共和国第九届全国人民代表大会常务委员会第十三次会议于 1999 年 12 月 25 日修订通过，自 2000 年 4 月 1 日起施行。2017 年 11 月 4 日，第十二届全国人民代表大会常务委员会第三十次会议决定通过对《中华人民共和国海洋环境保护法》作出修改，自 2017 年 11 月 5 日起施行。该法规定：在进行海岸工程建设和海洋石油勘探开发时，必须依照法律的规定，防止对海洋环境的污染损害。

工程建设过程中的污染主要包括对施工场界内的污染和对周围环境的污染。对施工场界内的污染防治属于职业健康安全问题，而对周围环境的污染防治是环境保护的问题。建设工程环境保护措施主要包括大气污染的防治、水污染的防治、噪声污染的防治、固体废物的处理以及文明施工措施等。

【案例】建设工程施工现场环境保护的措施（节选）

一、大气污染的防治

1. 大气污染物的分类

大气污染物的种类有数千种，已发现有危害作用的有 100 多种，其中大部分是有机物。大气污染物通常以气体状态和粒子状态存在于空气中。

2. 施工现场空气污染的防治措施

（1）施工现场垃圾渣土要及时清理出现场。

（2）高大建筑物清理施工垃圾时，要使用封闭式的容器或者采取其他措施处理高空废弃物，严禁凌空随意抛撒。

(3)施工现场道路应指定专人定期洒水清扫,形成制度,防止道路扬尘。

(4)对于细颗粒散体材料(如水泥、粉煤灰、白灰等)的运输、储存要注意遮盖、密封,防止和减少扬尘。

(5)车辆开出工地要做到不带泥沙,基本做到不洒土、不扬尘,减少对周围环境污染。

(6)除设有符合规定的装置外,禁止在施工现场焚烧油毡、橡胶、塑料、皮革、树叶、枯草、各种包装物等废弃物品以及其他会产生有毒、有害烟尘和恶臭气体的物质。

(7)机动车都要安装减少尾气排放的装置,确保符合国家标准。

(8)工地茶炉应尽量采用电热水器。若只能使用烧煤茶炉和锅炉时,应选用消烟除尘型茶炉和锅炉,大灶应选用消烟节能回风炉灶,使烟尘降至允许排放范围为止。

(9)大城市市区的建设工程已不容许搅拌混凝土。在容许设置搅拌站的工地,应将搅拌站封闭严密,并在进料仓上方安装除尘装置,采用可靠措施控制工地粉尘污染。

(10)拆除旧建筑物时,应适当洒水,防止扬尘。

二、水污染的防治

《中华人民共和国水污染防治法》第三条提到:"水污染防治应当坚持预防为主、防治结合、综合治理的原则,优先保护饮用水水源,严格控制工业污染、城镇生活污染,防治农业面源污染,积极推进生态治理工程建设,预防、控制和减少水环境污染和生态破坏。"

水污染指的是水体中因为某种物质的介入,而导致其化学、物理、生物或者放射性等方面特性的改变,从而影响水的有效利用,危害人体健康或者破坏生态环境,造成水质恶化的现象。水污染防治范围较广,包括江河、湖泊、运河、渠道、水库等地表水体以及地下水体的污染防治。

中国是一个水资源短缺、水灾害频繁的国家,水资源总量居世界第六位,虽然水资源总量不算少,但是人均占有水资源量却很贫乏,只有世界人均值的1/4。多年来,中国水资源质量不断下降,水环境持续恶化,由于污染所导致的缺水和事故不断发生,不仅使工厂停产、农业减产甚至绝收,而且造成了不良的社会影响和较大的经济损失,严重地威胁了社会的可持续发展,威胁了人类的生存(图7-3、图7-4)。

图7-3　废水排放

图 7-4　被污染的水体

1.水污染物主要来源

水污染的主要来源有：

(1)工业污染源：指各种工业废水向自然水体的排放。

(2)生活污染源：主要有食物废渣、粪便、合成洗涤剂、杀虫剂、病原微生物等。

(3)农业污染源：主要有化肥、农药等。

施工现场废水和固体废物随水流流入水体部分,包括泥浆、水泥、油漆、各种油类、混凝土添加剂、重金属、酸碱盐、非金属无机毒物等。

2.施工过程水污染的防治措施

施工过程水污染的防治措施有：

(1)禁止将有毒有害废弃物作土方回填。

(2)施工现场搅拌站废水,现制水磨石的污水,电石(碳化钙)的污水必须经沉淀池沉淀合格后再排放,最好将沉淀水用于工地洒水降尘或采取措施回收利用。

(3)现场存放油料,必须对库房地面进行防渗处理,如采用防渗混凝土地面、铺油毡等措施。使用时,要采取防止油料跑、冒、滴、漏的措施,以免污染水体。

(4)施工现场100人以上的临时食堂,污水排放时可设置简易有效的隔油池,定期清理,防止污染。

(5)工地临时厕所、化粪池应采取防渗漏措施。中心城市施工现场的临时厕所可采用水冲式厕所,并有防蝇虫等措施,防止污染水体和环境。

(6)化学用品、外加剂等要妥善保管,库内存放,防止污染环境。

三、噪声污染的防治

1.噪声的分类

按噪声来源可分为交通噪声(如汽车、火车、飞机等)、工业噪声(如鼓风机、汽轮机、冲压设备等)、建筑施工的噪声(如打桩机、推土机、混凝土搅拌机等发出的声音)、社会生活噪声(如高音喇叭、收音机等)。噪声妨碍人们正常休息、学习和工作,为防止噪声扰民,应控制人为强噪声。

建设工程伦理

根据国家标准《建筑施工场界环境噪声排放标准》(GB 12523—2011)的要求,对建筑施工过程中场界环境噪声排放限值规定为昼间 70 dB(A),夜间 55 dB(A)。

2.施工现场噪声的控制措施

噪声控制技术可从声源、传播途径、接收者防护等方面来考虑。

(1)声源控制

①声源上降低噪声,这是防止噪声污染的最根本的措施。

②尽量采用低噪声设备和加工工艺代替高噪声设备与加工工艺,如低噪声振捣器、风机、电动空压机、电锯等。

③在声源处安装消声器消声,即在通风机、鼓风机、压缩机、燃气机、内燃机及各类排气放空装置等进出风管的适当位置设置消声器。

(2)传播途径的控制

①吸声:利用吸声材料(大多由多孔材料制成)或由吸声结构形成的共振结构(金属或木质薄板钻孔制成的空腔体)吸收声能,降低噪声。

②隔声:应用隔声结构,阻碍噪声向空间传播,将接收者与噪声声源分隔。隔声结构包括隔声室、隔声罩、隔声屏障、隔声墙等。

③消声:利用消声器阻止传播。允许气流通过的消声降噪是防治空气动力性噪声的主要装置。如对空气压缩机、内燃机产生的噪声等。

④减振降噪:对来自振动引起的噪声,通过降低机械振动减小噪声,如将阻尼材料涂在振动源上,或改变振动源与其他刚性结构的连接方式等。

(3)接收者的防护 让处于噪声环境下的人员使用耳塞、耳罩等防护用品,减少相关人员在噪声环境中的暴露时间,以减轻噪声对人体的危害。

(4)严格控制人为噪声

①进入施工现场不得高声喊叫、无故甩打模板、乱吹哨,限制高音喇叭的使用,最大限度地减少噪声扰民。

②凡在人口稠密区进行强噪声作业时,须严格控制作业时间,一般晚10点到次日早6点之间停止强噪声作业。确系特殊情况必须昼夜施工时,尽量采取降低噪声措施,并会同建设单位找当地居委会、村委会或当地居民协调,出安民告示,求得群众谅解。

四、固体废物的处理

1.建设工程施工工地上常见的固体废物

建设工程施工工地上常见的固体废物主要有:

(1)建筑渣土:包括砖瓦、碎石、渣土、混凝土碎块、废钢铁、碎玻璃、废屑、废弃装饰材料等;

(2)废弃的散装大宗建筑材料:包括水泥、石灰等;

(3)生活垃圾:包括炊厨废物、丢弃食品、废纸、生活用具、废电池、废日用品、玻璃、陶瓷碎片、废塑料制品、煤灰渣、废交通工具等;

(4)设备、材料等的包装材料;

(5)粪便。

2.固体废物的处理和处置

固体废物处理的基本思想是:采取资源化、减量化和无害化的处理,对固体废物产生的全过程进行控制。固体废物的主要处理方法如下:

(1)回收利用。回收利用是对固体废物进行资源化的重要手段之一。粉煤灰在建设工程领域的广泛应用就是对固体废弃物进行资源化利用的典型范例。又如发达国家炼钢原料中有70%是利用回收的废钢铁,所以,钢材可以看成是可再生利用的建筑材料。

(2)减量化处理。减量化是对已经产生的固体废物进行分选、破碎、压实浓缩、脱水等减少其最终处置量,减低处理成本,减少对环境的污染。在减量化处理的过程中,也包括和其他处理技术相关的工艺方法,如焚烧、热解、堆肥等。

(3)焚烧。焚烧用于不适合再利用且不宜直接予以填埋处置的废物,除有符合规定的装置外,不得在施工现场熔化沥青和焚烧油毡、油漆,亦不得焚烧其他可产生有毒有害和恶臭气体的废弃物。垃圾焚烧处理应使用符合环境要求的处理装置,避免对大气的二次污染。

(4)稳定和固化。稳定和固化处理是利用水泥、沥青等胶结材料,将松散的废物胶结包裹起来,减少有害物质从废物中向外迁移、扩散,使得废物对环境的污染减少。

(5)填埋。填埋是固体废物经过无害化、减量化处理的废物残渣集中到填埋场进行处置。禁止将有毒有害废弃物现场填埋,填埋场应利用天然或人工屏障。尽量使需处置的废物与环境隔离,并注意废物的稳定性和长期安全性。

7.1.2.4 建设工程项目验收试运行阶段

《国务院关于修改〈建设项目环境保护管理条例〉的决定》于2017年6月21日国务院第177次常务会议通过,自2017年10月1日起施行。其中第九条提到:"依法应当编制环境影响报告书、环境影响报告表的建设项目,建设单位应当在开工建设前将环境影响报告书、环境影响报告表报有审批权的环境保护行政主管部门审批;建设项目的环境影响评价文件未依法经审批部门审查或者审查后未予批准的,建设单位不得开工建设。""环境保护行政主管部门审批环境影响报告书、环境影响报告表,应当重点审查建设项目的环境可行性、环境影响分析预测评估的可靠性、环境保护措施的有效性、环境影响评价结论的科学性等,并分别自收到环境影响报告书之日起60日内、收到环境影响报告表之日起30日内,作出审批决定并书面通知建设单位。""环境保护行政主管部门可以组织技术机构对建设项目环境影响报告书、环境影响报告表进行技术评估,并承担相应费用;技术机构应当对其提出的技术评估意见负责,不得向建设单位、从事环境影响评价工作的单位收取任何费用。""依法应当填报环境影响登记表的建设项目,建设单位应当按照国务院环境保护行政主管部门的规定将环境影响登记表报建设项目所在地县级环境保护行政主管部门备案。""环境保护行政主管部门应当开展环境影响评价文件网上审批、备案和信息公开。"

第十一条提到:"建设项目有下列情形之一的,环境保护行政主管部门应当对环境影响报告书、环境影响报告表作出不予批准的决定:(一)建设项目类型及其选址、布局、规模等不符合环境保护法律法规和相关法定规划;(二)所在区域环境质量未达到国家或者地方环境质量标准,且建设项目拟采取的措施不能满足区域环境质量改善目标管理要求;(三)建设项目采取的污染防治措施无法确保污染物排放达到国家和地方排放标准,或者未采取必要措施预防和控制生态破坏;(四)改建、扩建和技术改造项目,未针对项目原有环境污染和生态破坏提出有效防治措施;(五)建设项目的环境影响报告书、环境影响报告表的基础资料数据明显不实,内容存在重大缺陷、遗漏,或者环境影响评价结论不明确、不合理。"

第十六条提到:"建设项目的初步设计,应当按照环境保护设计规范的要求,编制环境保护篇章,落实防治环境污染和生态破坏的措施以及环境保护设施投资概算。""建设单位应当将环境保护设施建设纳入施工合同,保证环境保护设施建设进度和资金,并在项目建设过程中同时组织实施环境影响报告书、环境影响报告表及其审批部门审批决定中提出的环境保护对策措施。"

第十七条提到:"编制环境影响报告书、环境影响报告表的建设项目竣工后,建设单位应当按照国务院环境保护行政主管部门规定的标准和程序,对配套建设的环境保护设施进行验收,编制验收报告。""建设单位在环境保护设施验收过程中,应当如实查验、监测、记载建设项目环境保护设施的建设和调试情况,不得弄虚作假。""除按照国家规定需要保密的情形外,建设单位应当依法向社会公开验收报告。"

第十九条提到:"编制环境影响报告书、环境影响报告表的建设项目,其配套建设的环境保护设施经验收合格,方可投入生产或者使用;未经验收或者验收不合格的,不得投入生产或者使用。""前款规定的建设项目投入生产或者使用后,应当按照国务院环境保护行政主管部门的规定开展环境影响后评价。"

第二十条提到:"环境保护行政主管部门应当对建设项目环境保护设施设计、施工、验收、投入生产或者使用情况,以及有关环境影响评价文件确定的其他环境保护措施的落实情况,进行监督检查。""环境保护行政主管部门应当将建设项目有关环境违法信息记入社会诚信档案,及时向社会公开违法者名单。"

第二十一条提到:"建设单位有下列行为之一的,依照《中华人民共和国环境影响评价法》的规定处罚:(一)建设项目环境影响报告书、环境影响报告表未依法报批或者报请重新审核,擅自开工建设;(二)建设项目环境影响报告书、环境影响报告表未经批准或者重新审核同意,擅自开工建设;(三)建设项目环境影响登记表未依法备案。"

第二十二条提到:"违反本条例规定,建设单位编制建设项目初步设计未落实防治环境污染和生态破坏的措施以及环境保护设施投资概算,未将环境保护设施建设纳入施工合同,或者未依法开展环境影响后评价的,由建设项目所在地县级以上环境保护行政主管部门责令限期改正,处5万元以上20万元以下的罚款;逾期不改正的,处20万元以上100万元以下的罚款。""违反本条例规定,建设单位在项目建设过程中未同时组织实施环境影响报告书、环境影响报告表及其审批部门审批决定中提出的环境保护对策措施的,由建设项目所在地县级以上环境保护行政主管部门责令限期改正,处 20 万元以上 100 万元以下的罚款;逾期不改正的,责令停止建设。"

第二十三条提到:"违反本条例规定,需要配套建设的环境保护设施未建成、未经验收或者验收不合格,建设项目即投入生产或者使用,或者在环境保护设施验收中弄虚作假的,由县级以上环境保护行政主管部门责令限期改正,处 20 万元以上 100 万元以下的罚款;逾期不改正的,处 100 万元以上 200 万元以下的罚款;对直接负责的主管人员和其他责任人员,处 5 万元以上 20 万元以下的罚款;造成重大环境污染或者生态破坏的,责令停止生产或者使用,或者报经有批准权的人民政府批准,责令关闭。""违反本条例规定,建设单位未依法向社会公开环境保护设施验收报告的,由县级以上环境保护行政主管部门责令公开,处 5 万元以上 20 万元以下的罚款,并予以公告。"

7.2　工程师的环保理念

美丽中国的实现既需要每一个中国人的努力,更需要工程师树立起强烈的环保理念,承担起应负的责任,协调好经济发展与生态环境的矛盾,在环境保护方面发挥独特的作用。

1972 年 6 月 5 日,在瑞典首都斯德哥尔摩召开《联合国人类环境会议》,会议通过了《人类环境宣言》,并提出将每年的 6 月 5 日定为"世界环境日"。同年 10 月,第 27 届联合国大会通过决议接受了该建议。世界环境日的确立,反映了世界各国人民对环境问题的认识和态度,表达了我们人类对美好环境的向往和追求。世界环境日,是联合国促进全球环境意识、提高政府对环境问题的注意并采取行动的主要媒介之一。世界环境日的意义在于提醒全世界注意地球状况和人类活动对环境的危害。要求联合国系统和各国政府在这一天开展各种活动来强调保护和改善人类环境的重要性。

1989 年,《中华人民共和国环境保护法》对环境的定义为:影响人类生存和发展的各种天然的和经过人工改造的自然因素的总体,包括大气、水、海洋、土地、矿藏、森林、草原、野生生物、自然遗迹、人文遗迹、自然保护区、风景名胜区、城市和乡村等。

2014 年 4 月,经修改后公布的《中华人民共和国环境保护法》规定,排放污染物的企业事业单位和其他生产经营者,应当采取措施,防治在生产建设或者其他活动中产生的废气、废水、废渣、医疗废物、粉尘、恶臭气体、放射性物质以及噪声、振动、光辐射、电磁辐射等对环境的污染和危害。排放污染物的企业事业单位,应当建立环境保护责任制度,明确单位负责人和相关人员的责任。

需要注意的是,自然的生态规律对工程的制约和影响并非明显与直接,而是隐蔽和间接。同样,工程对自然生态系统的破坏在短期内并不迅速和显著,而是在长期层面上缓慢产生深远影响。因此,工程师要把自然环境当作道德关怀的对象,严格遵循生态规律开展工程活动,设计和建造真正的生态工程,尽量减少对自然系统正常运行的影响,进而为人类创造一个良好、和谐的生存环境。

随着我国生态文明建设步伐的逐步加快,绿色增长理念日渐深入人心。所谓绿色增长,简言之,就是既要绿色,又要增长。绿色增长的实质是一种区别于传统粗放增长的新的增长模式,其目的是实现可持续增长,走出一条环保与经济协调发展之路。为此,要大力发展绿色低碳产业;要尽可能增加有经济效益的环保投资;要强化环保法治,提高环保标准。

2020年11月22日,国家主席习近平在二十国集团领导人利雅得峰会"守护地球"主题边会上致辞。习近平主席指出,地球是我们的共同家园。要秉持人类命运共同体理念,携手应对气候环境领域挑战,守护好这颗蓝色星球。习近平主席提出3点主张:加大应对气候变化力度,深入推进清洁能源转型,构筑尊重自然的生态系统。中国将提高国家自主贡献力度,力争二氧化碳排放2030年前达到峰值,2060年前实现碳中和。中国将坚定不移加以落实。

当前,全球环境治理面临挑战,国际社会瞩目中国"成绩单"。联合国前秘书长潘基文曾由衷称赞,"中国是可持续发展议程的带头人"。巴西中国问题研究中心主任、经济学家罗尼·林斯指出,习近平主席的相关主张对人类社会实现绿色发展、促进生态文明具有重要启示,并对疫情后经济的高质量复苏提供帮助。

实实在在的中国贡献,掷地有声的中国承诺,无疑增强了国际社会共同应对环境问题的信心。

天津外国语大学国际关系学院院长李强在接受《人民日报》记者采访时指出,中共十八大以来,中国在全球环境治理议题上进行了理念创新,如提出"五位一体"总体布局,强调生态文明建设的基础性作用;提出"人类命运共同体"理念、"创新、协调、绿色、开放、共享"新发展理念、"共商共建共享"的全球治理观等,为解决全球环境治理困境贡献中国方案,凝聚更多国际共识。同时,中国还将理念付诸实践,积极参与全球环境治理,大力推动环境领域国际合作。

保护环境人人有责,环保不仅与我们每个人都有关,而且为了实现我们国家碳中和的目标,也离不开我们所有人一起做的努力,减少碳排放从身边小事做起。

7.2.1　推行工程低碳化

(1)低碳化设计。推行工程低碳化从源头抓起,工程项目必须采取节能设计,工程材料选用绿色环保节能性材料,例如:采用农作物秸秆、废弃木质材料、废弃竹子等废弃植物纤维等可再生生物资源;以石膏建材代替水泥石灰等建材;采用泡沫玻璃代替砖和砌块,为屋面、墙体、天棚保温隔热;采用PTFE类膜材料、PVC类膜材料等。在整个建筑行业大力推广绿色发展模式,图7-5所示为"G-TIM"绿色发展模式,内容涵盖绿色设计、绿色施工、绿色建材。

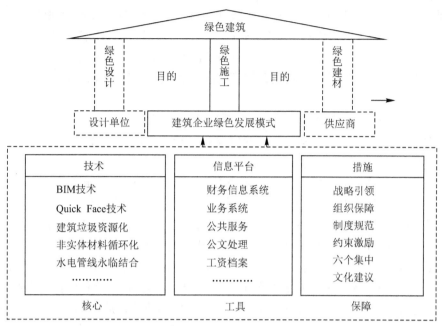

图7-5 "G-TIM"绿色发展模式

（2）低碳化管理。建立完善的低碳化绿色施工管理体系,制订低碳化理念的目标和计划,按照计划实施,在实施过程进行检测,制定有效的控制和协调措施。组织结构的建立是第一要务,应当在企业建立独立的低碳施工管理部门,任命相应的低碳施工管理责任人,对该组织体系发生的管理任务和内外沟通工作进行管理,此为竖向管理层级,各个项目部为横向管理层级,每一个项目将会受到横向和纵向两个方向的管理。在组织结构建立初期,要强化低碳施工管理部门这个方向的管理,在施工低碳化逐渐有成效后可以渐渐弱化低碳施工管理部门的管理。例如,项目绿色施工管理体系组长可作为项目绿色施工第一责任人;执行组长全面负责项目绿色施工工作;副组长A负责项目全方面具体绿色施工工作;副组长B负责施工现场文明施工工作;再配备7名组员,分别负责现场机械设备、临电系统的配合;负责绿色施工相关方案编制、交底工作;负责绿色施工相应合同条款交底、专项资金投入;负责绿色施工相关物资采购及进场验收工作;负责现场扬尘治理相关工作;负责现场文明施工相关工作;协助负责生活区、办公区相关工作。

另外,对施工原材料的入场检验工作是工程质量保证的根本,进行严格的入场复验,将不符合标准的、违背节能环保理念要求的材料拒之门外,从物料的采购环节就进行严格控制。另外,推崇新材料的使用,将旧的、能耗较高的、污染环境的材料逐渐舍弃。加强采购管理、入场复验、现场管理和注重材料的循环使用。

（3）低碳化施工。对工程项目动态管理,实时跟踪检查反馈,利用挣值分析方法及时发现偏差并进行纠偏管理。

低碳化专项施工组织设计编制:编制低碳化施工方案,绘制低碳化施工进度计划和低碳化施工现场平面图,编制低碳化施工资源需要量计划,将节能减排方案作为项目管理的把控重点,将节能减排计划内容具体化、数据化、明确化,从而达到低碳化施工的目标。

低碳化施工的施工现场管理是整个管理的核心。低碳施工现场管理就按照已有的低碳施工组织设计施工。现场设专职低碳施工管理人员,进行入场培训,严格执行低碳施工的"三交底"工作。对于施工现场已出现的和潜在问题进行详细记录和分析。将所出现的问题进行大讨论,以期在项目内部找到解决方法,或者与同类低碳化施工管理项目进行横向学习。

加强管理是节能减排的间接手段,提升施工企业低碳化施工技术是直接的节能减排手段,所以各个施工企业以施工技术的研发和创新是节能减排最直接的解决方法。应大力推广BIM技术和装配式建筑技术。

BIM技术是建筑信息模型技术,是通过数字信息方针模拟建筑物的真实信息,在低碳施工之前,可以利用BIM将建筑施工全过程在该模型中进行仿真模拟,在计算机上就可以直观地看到我们所设计的施工方案可行性有多大,最大限度地节约资源,能在实体施工之前发现问题、分析问题和解决问题,是建筑领域的一大进步。

装配式建筑是指在施工现场就地安装而成的建筑物。建筑构件在预制构件厂加工制作好现场安装速度快,比起现场建造节约能源,降低碳排放,被称作清洁化生产,施工企业项目部的施工低碳化程度高,看起来似乎是将项目部的碳排放转移到预制构件厂。构建加工厂集中化、大产量地生产,如果在此时进行低碳化加工,那么降低的碳排放要比很多项目部降低的碳排放之和还要多得多。

7.2.2 协调发展

协调发展原则,全称为环境保护与经济、社会发展相协调的原则,是指环境保护与经济建设和社会发展统筹规划、同步实施、协调发展,实现经济效益、社会效益和环境效益的统一。该原则的核心就是要求人们正确对待和处理环境保护与经济、社会发展之间的关系,反对以牺牲环境为代价谋求经济和社会的发展,也反对为了保护环境而不进行经济和社会的发展,切实做到环境保护与经济、社会发展的良性互动。

工程活动需要遵循协调发展原则,其原因如下:

第一,全球气候不断变暖,环境污染日益严重,越来越深地影响人们的生活,人类只有改变传统的与自然对立的关系模式,建构起人与自然的伙伴关系模式,平等地与其他生物和谐相处,与自然协调发展,才能保住人类的生存根基。傍靠于废弃的北美最大垃圾填筑地加拿大蒙特尔太阳神殿(图7-6)利用创新技术与现代艺术的完美结合,成功发展为一座别具一格的马戏团艺术中心。其创新性体现在,借助附近垃圾场所产生的沼气满足剧院、生产制造车间、展厅、学校以及污废处理厂等设施的热量供给,每年减少约135吨温室气体。艺术性展现为,装扮着残破"游乐园跑道"的主楼梯和融合了废旧"工厂横梁"的建筑结构,使得太阳神殿中心大厅充满了大都市工业遗产的沧桑感。马戏团纪念品商店外墙则在五彩斑斓的破旧布料的"纵横交错"之下,极具现代艺术美感与视觉冲击力,令游客不禁感叹废料回收都充满着艺术特色。太阳神殿借助于对"建筑艺术与循环经济相结合"的传播和发展,促进了其周围环境的清洁、美丽。

图7-6 太阳神殿

第二,当代工程活动的展开产生了诸多难以调和的矛盾,这些矛盾的解决又离不开工程的进一步发展。既然人类无法放弃开展工程,那么只有从更高视野通过有效途径保障工程、促进人类和自然有机融合。这是从横向关系或共识性的角度对解决工程环境伦理问题的一种探索。

第三,唯有充分利用得天独厚的地理优势和自然资源,使人类的工程建造合理地融入自然之中,人类方能在合理节约资源的同时充分享受到更多的美感与舒适。意大利米兰建造的"垂直森林"(图7-7)就有助于净化城市空气、增加空气湿度、吸收二氧化碳和灰尘颗粒、制造氧气,还可以大大改善居民的生活质量,并且也创造一个天然的阻挡辐射与噪声的屏障。美国宾夕法尼亚州费耶特县米尔润市郊区熊溪河畔的"流水别墅"(图7-8)在空间的处理、体量的组合及与环境的结合上均取得了极大的成功,为有机建筑理论作了确切的注释,在现代建筑历史上占有重要地位。著名建筑师赖特在"流水别墅"的设计上实现了"方山之宅"的梦想,悬空的楼板锚固在后面的自然山石中,整个建筑看起来像是从地里生长出来的,具有活生生的、初始的、原型的、超越时间的质地,建筑内的壁炉是暴露的自然山岩砌成的,瀑布所形成的雄伟的外部空间落水山庄,石材粗犷的美感与粉刷后混凝土面层的精致细腻相映衬,增强了视觉张力,使别墅看起来仿佛是从山体的岩石中生长出来一般,优雅且充满力量,在这里自然和人悠然共存呈现了天人合一的最高境界。新加坡的义顺邱德拔医院(图7-9)由英国RMJM建筑事务所设计,完全遵循绿色和高能效的理念。在光伏系统、采暖通风系统、日常照明系统等方面实现了零能源,并且扩大绿植覆盖面积,达到70%的自然空气流通,建筑的用能效率比普通医院的平均水平高出50%。义顺邱德拔医院充分利用每一个空间来创造绿色医疗环境。它的每一层楼都布满了绿色,使人放松和振作。特别是自费病房大楼和公费病房大楼屋顶平台的阶梯花园,患者和探望者在花园漫步时,会发现宜人的私密冥想空间。这些花园的另一个独特功能是为手术室提供循环冷空气或为低层提供新风来源,从而创造一个苍翠繁茂的凉爽环境。建筑外立面的景观墙布满了使用滴管过滤系统的气生植物,形成室外卫生间的私密屏风。室外的浅水植物为生态池塘提供了主要的水循环过滤系统。这些建筑正是生态保护与经济增长相互协调发展的完美呈现。

图 7-7　垂直森林

图 7-8　流水别墅

图 7-9　义顺邱德拔医院

7.2.3　可持续发展

可持续发展,是指满足人们当前需要而又不削弱子孙后代满足其需要之能力的发展。可持续发展还意味着维护、合理使用并且提高自然资源基础,这种基础支撑着生态抗压力及经济的增长。可持续发展还意味着在发展计划和政策中纳入对环境的关注与考虑,而不代表在援助或发展资助方面的一种新形式的附加条件。

可持续发展是 20 世纪 80 年代提出的一个新的发展观。它的提出是应时代的变迁、社会经济发展的需要而产生的。可持续发展(sustainable development)概念的明确提出,最早可以追溯到 1980 年由世界自然保护联盟(IUCN)、联合国环境规划署(UNEP)、世界自然基金会(WWF)共同发表的《世界自然保护大纲》。1987 年以布伦特兰夫人为首的世界环境与发展委员会(WCED)发表了报告《我们共同的未来》。这份报告正式使用了可持续发展概念,并对之作出了比较系统的阐述,产生了广泛的影响。有关可持续发展的定义有 100 多种,但被广泛接受影响最大的仍是世界环境与发展委员会在《我们共同的未来》中的定义。在该报告中,可持续发展被定义为:"能满足当代人的需要,又不对后代人满足其需要的能力构成危害的发展。它包括两个重要概念:需要的概念,尤其是世界各国人们的基本需要,应将此放在特别优先的地位来考虑;限制的概念,技术状况和社会组织对环境满足眼前和将来需要的能力施加的限制。"涵盖范围包括国际、区域、地方及特定界别的层面,是科学发展观的基本要求之一。1980,年国际自然保护同盟的《世界自然资源保护大纲》中提到:"必须研究自然的、社会的、生态的、经济的以及利用自然资源过程中的基本关系,以确保全球的可持续发展。"1981 年,美国布朗(Lester R. Brown)出版《建设一个可持续发展的社会》,提出以控制人口增长、保护资源基础和开发再生能源来实现可持续发展。1992 年 6 月,联合国在里约热内卢召开的"环境与发展大会",通过了以可持续发展为核心的《里约环境与发展宣言》《21 世纪议程》等文件,并且要求各国根据本国的情况,制定各自的可持续发展战略、计划和对策。1994 年 7 月 4 日,国务院批准了我国的第一个国家级可持续发展战略——《中国 21 世纪议程——中国 21 世纪人口、环境与发展白皮书》(图 7-10),首次把可持续发展战略纳入我国经济和社会发展的长远规划。1997 年的中共十五大把可持续发展战略确定为我国"现代化建设中必须实施"的战略。可持续发展主要包括社会可持续发展、生态可持续发展、经济可持续发展。

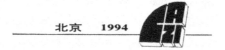

图 7-10 《中国 21 世纪议程——中国 21 世纪人口、环境与发展白皮书》

可持续发展的核心思想是,经济发展、保护资源和保护生态环境协调一致,让子孙后代能够享受充分的资源和良好的资源环境。同时包括:健康的经济发展应建立在生态可持续能力、社会公正和人民积极参与自身发展决策的基础上。它所追求的目标是:既要使人类的各种需要得到满足,个人得到充分发展;又要保护资源和生态环境,不对后代人的生存和发展构成威胁。它特别关注的是各种经济活动的生态合理性,强调对资源、环境有利的经济活动应给予鼓励,反之则应予以摈弃。

所谓可持续发展战略,是指实现可持续发展的行动计划和纲领,是国家在多个领域实现可持续发展的总称,它要使各方面的发展目标,尤其是社会、经济与生态、环境的目标相协调。可持续发展的深层意义不是自然对文明的限制,而是文明向自然的拓展,它包含永久发展、全面发展、共同发展和梯级发展四个内涵。"可持续发展"的道路,与传统发展模式存在四大区别:从单纯以经济增长为目标的发展转向社会、经济、环境的综合发展;从以物为本转向以人为本;从资源推动型转向知识经济推动型;从注重眼前、局部利益转向注重长远和全局的发展。

7.2.4 代内公平与代际公平

"代内公平"也是可持续发展原则的一个重要内容,它是指同一代的所有人,不论国籍、种族、性别、经济发展水平和文化等方面的差异,在要求良好生活环境和利用自然资源方面,都享有平等的权利。从历史和现状来看,代内不平等的情况非常严重。发达国家的富裕大多建立在对发展中国家自然资源的剥削和掠夺之上,并且将发展中国家视为转嫁污染的"垃圾场"。而发展中国家不顾环境的快速发展也使环境问题日益严重,使环境危机危及整个人类的生存。同代人之间的平衡要求一国在开发和利用自然资源时必须考虑到别国的需求,还要求考虑各个国家如何分担环境保护责任。这种公平,不是绝对的公平,而是从历史、现状来分析的一种公平,那种主张一切国家不加区分地分担环境责任的公平,其实是一种真正的不公平。代内公平原则是1992年联合国环境与发展大会的主题之一,也被许多国际条约和文件认可。要想真正实现代内公平,必须重新调整各国利益,建立新的国际经济秩序和全球伙伴关系。这是一个充满政治、经济、社会困难的长远过程。

代内公平主要体现在地区公平和国际公平。地区公平有大小之分。从大处着眼,地区公平强调部分地区不能为了自身发展而损害另一部分地区的发展。从小处着眼,地区公平关注更小区域内平等权利的保障落实。国与国之间的代内公平,指一国的发展不能以损害他国的发展为代价,尤其是发达国家不能以损害发展中国家的利益为代价,强国不能以牺牲弱国的利益为代价。但如今,发达国家对发展中国家的污染转嫁和资源掠夺既普遍又隐蔽。解决国际不公平现象,需要遵循以下两方面:第一,尊重国家主权;第二,发达国家有责任和义务帮助发展中国家实现可持续发展这一目标。

代际公平,是指可持续发展战略的一种资源分配思想。要求不同代际之间公平使用自然资源。基本要求是:每一代人都有保存和选择自然和文化多样性的权利,对于当代人来说,有义务为后代保存好自然和文化资源;每一代人都享有健康、有较好生活质量的权利。每一代人都应该保证地球的质量。当代人在利用自然资源时,应同时考虑后代人利用资源的机会和获取的可能资源数量。完全由当代人确定的社会贴现率和私人贴现率,并不能满意地表达下一代人的决策意愿,或体现"无论是哪一代人在资源分配中都不占支配地位"这一公平原则。代际公平具有两方面的意义:指向"未来的",在于当代人必须留给后代人一个健全、优美的适宜人类后代居住的地球;指向"过去的",在于当代人必须清偿前代人留下的"自然债"。

代际公平由三项基本原则组成：一是"保存选择原则"，就是说每一代人应该为后代人保存自然和文化资源的多样性，避免限制后代人的权利，使后代人有和前代人相似的可供选择的多样性；二是"保存质量原则"，就是说每一代人都应该保证地球的质量，在交给下一代时，不比自己从前一代人手里接过来时更差，也就是说，地球没有在这一代人手里受到破坏；三是"保存接触和使用原则"，即每代人应该对其成员提供平行接触和使用前代人的遗产的权利，并且为后代人保存这项接触和使用权，也就是说，对于前代人留下的东西，应该使当代人都有权来了解和受益，也应该继续保存，使下一代人也能接触到隔代遗留下来的东西。作为可持续发展原则的一个重要部分，代际公平在国际法领域已经被广泛接受，并在很多国际条约中得到了直接或间接的认可。

7.3　工程师对环境的职业责任

生态文明已成为中国与世界各国共同选择的可持续发展的一种新型文明形态。进入新时代，中国将在全球担当起更大的生态治理责任。中国一项项伟大工程及"美丽中国"的建设都依赖于负责任的工程师发挥重要职责。

工程实践活动一方面受到社会的影响，另一方面又反作用于社会。由于工程行业的特殊性，掌握着工程技术的工程师们能够对自然和社会造成比其他人更大的影响。在当今工程实践活动对社会和自然环境造成越来越大影响的前提下，社会责任逐渐成为工程师在工程实践活动中承担的重要责任。因此，为人类社会的长远利益做出贡献成为工程师的核心目标之一。规范工程行为，培养工程师对环境和社会的职业责任感，对促进中国工程健康稳定发展具有重要意义。

7.3.1　认真遵守"三同时"制度

"三同时"制度是在中国出台最早的一项环境管理制度。它是中国的独创，是在中国特色社会主义制度和建设经验的基础上提出来的，是具有中国特色并行之有效的环境管理制度。

我国 2015 年 1 月 1 日开始施行的《中华人民共和国环境保护法》第四十一条规定："建设项目中防治污染的设施，应当与主体工程同时设计、同时施工、同时投产使用。防治污染的设施应当符合经批准的环境影响评价文件的要求，不得擅自拆除或者闲置。""三同时"制度是我国环境保护工作的一个创举，是在总结我国环境管理实践经验基础上，被我国法律所确认的一项重要的环境保护法律制度。这项制度最早规定于 1973 年的《关于保护和改善环境的若干规定》，在 1979 年的《中华人民共和国环境保护法（试行）》中做了进一步规定。此后的一系列环境法律法规也都重申了"三同时"制度。1986 年颁布的《建设项目环境保护管理办法》（以下简称《办法》）对"三同时"制度做了具体规定，1998 年对《办法》做了修改并新颁布了《建设项目环境保护管理条例》，它对"三同时"制度做了进一步的具体规定。

在建设项目正式施工前，建设单位必须向环境保护行政主管部门提交初步设计中的环境保护篇章。在环境保护篇章中必须落实防治环境污染和生态破坏的措施以及环境保护设施投资概算。环境保护篇章经审查批准后,才能纳入建设计划,并投入施工。建设项目的主体工程完工后,需要进行试生产的,其配套建设的环境保护设施必须与主体工程同时投入试运行。

建设项目竣工后,建设单位应当向审批该建设项目环境影响报告书(表)的环境保护行政主管部门,申请该建设项目需要配套建设的环境保护设施竣工验收。环境保护设施竣工验收应当与主体工程竣工验收同时进行。需要进行试生产的建设项目,建设单位应当自建设项目投入试生产之日起 3 个月内,向审批该建设项目环境影响报告书(表)的环境保护行政主管部门申请验收该建设项目配套建设的环境保护设施。分期建设、分期投入生产或者使用的建设项目,其相应的环境保护设施应当分期验收。环境保护行政主管部门应当自收到环境保护设施竣工验收申请之日起 30 日内出具竣工验收手续;逾期未办理的,责令停止试生产,可以处 5 万元以下的罚款。对建设项目需要配套建设的环境保护设施未建成、未经验收或者经验收不合格,主体工程正式投入生产或者使用的,由审批该建设项目环境影响报告书(表)的环境保护行政主管部门责令停止生产或者使用,可以处 10 万元以下的罚款。

凡是在中华人民共和国领域内的工业、交通、水利、农林、商业、卫生、文教、科研、旅游、市政、机场等从事对环境有影响的建设项目都要实行"三同时"制度。"三同时"制度重在预防产生新的环境问题,"三同时"制度保护的是整个人类赖以生存的生活环境和生态环境,而不是只将某一集团或某一个人的生活环境和生态环境得到保护。其预防保护对象包括大气、水、海洋、土地、矿藏、森林、草原、野生生物、自然遗迹、人文遗迹、自然保护区、风景名胜区、城市和乡村等环境要素,凡是可能损害这些环境要素的建设项目都必须实行"三同时"制度。

所有从事对环境有影响的建设项目的单位,包括从事一切新建、扩建、改建和技术改造项目的主体,同时也包括区域开发建设项目以及中外合资、中外合作、外商独资的引进项目的主体等,其项目工程师均应认真遵守"三同时"制度,做好环境预保护工作。

7.3.2　履行环境伦理责任

在现代社会生产活动中,人类工程技术活动对自然环境产生的影响越来越明显,工程师作为工程活动的主体,在工程实践中除必须承担民事责任、行政责任和刑事责任等环境法律责任外,还得承担环境伦理责任。在工程实践中,工程师要关注环境保护,树立正确的环境伦理观,明确自身的环境伦理责任,以可持续发展和节约资源能源为准则,尽可能减少工程对自然环境的不利影响。在那些对环境产生正面的或负面的影响的项目或活动中,工程师通常是决定性的因素。如果工程师是道德上负责任的主体,那么也就应当要求他们作为职业人员去维护环境的完整性。不仅如此,工程师的社会角色同样决定了工程师必须承担环境责任,它既是循环经济的内在价值诉求,又是人类可持续发展的保障。

环境伦理责任具有以下特质:它是一种非国家强制性的责任;它是一种"近距离和远距离相结合的伦理责任";它是工程师在工程活动中全过程的责任;它是工程师崭新的社会责任形式。赫斯(M. A. Hersh)将工程师的环境伦理责任归纳总结为以下七个方面:①评估、消除或减少关于工程项目、过程和产品的决策所带来的短期、直接的影响以及长期、间接的影响。②减少工程项目以产品在整个生命周期对于环境以及社会的负面影响，尤其是使用阶段。③建立一种透明和公开的文化，在这种文化中，关于工程的环境以及其他方面的风险的毫无偏见的信息（客观、真实）必须和公众有公平的交流。④促进技术的正面发展用来解决难题，同时减少技术的环境风险。⑤认识到环境利益的内在价值，而不要像过去一样将环境视为免费产品。⑥国家间、国际间及代际间的资源以及分配问题。⑦促进合作而不是竞争战略。

具体到土木工程领域，土木工程师的环境伦理责任，其主要内容可归纳为如下五大方面：

第一，维护生态公正，保护受影响者的环境权利。工程师在工程实践中要切实保障人的基本权利，必须遵循以下原则：①杜绝所有企图借助暗箱操作蒙混过关实则严重破坏自然环境的工程议案；②对于所有工程项目，一定要在计划阶段对可能受到工程影响的公众的利弊进行全面、科学、细致的考证，对于缺乏这种考证的项目一律不予实施；③要大力执行环保规章制度，特别要注重污染防治能力的提高；④要将工程项目可能产生的利弊公开化，让社会充分了解可能受到的影响；⑤对工程给部分人群造成的损失，必须给予赔偿。对因工程而迁居的移民，一定要保证其至少不低于原有生活水平，并将工程产生的效益惠及移民。在青藏铁路建设过程中，工程师们对于自然保护区内的铁路选线严格遵循"能避绕就避绕"原则，施工场地、便道、砂石料场的选址都经反复踏勘确定，尽量避免破坏植被。科研人员采用先进技术，使植物试种成活率达70%以上，比自然成活率高1倍多。

第二，尊重生命价值，保护生物多样性。工程活动的不断扩张，使得诸多构造物延伸至自然保护区和生态脆弱地区，这就要求工程师在满足人类需求的同时，最大限度保障生物多样性。首先，加强对生物多样性的环境影响评估。不仅需要权威动植物专家的介入，还需加强对野生动物的观察和植物群落的关注。其次，对良田和天然林地等自然资源丰饶之地要尽量少征用，尽可能不破坏区域内栖息者的自然属性。再次，在构造物周围，如道路两侧，以原有景观为基础实施科学合理的返绿工程，既弱化对环境的污染，又减少动物对声光消极影响的不安。德国甚至立法要求在交通量较大的联邦公路，必须设置蓄雨池，模仿天然的池塘或湿地。最后，预留动物通道。因地制宜设置地下涵洞和天桥等各式通道，在满足过水过人的同时也为野生动物提供安全通行线路。世界上第一批修建动物通道的国家之一荷兰，在高速公路上为野生动物搭建了大量布满绿色植物、与周边环境融为一体的路上式通道，即"绿桥"（图7-11），扩大了动物的基因交流范围，保证了地区生态平衡，同时避免了动物从路面上通过与车辆发生碰撞，保障了动物迁徙和人类出行的安全。为保障野生动物的正常生活、迁徙和繁衍，青藏铁路全线共设置了33个野生动物通道，这在中国铁路建设史上还是首次。

图 7-11　荷兰"绿桥"

第三，努力减少用地量，节约土地资源，最大限度维护生态系统的稳定性。工程师要尽最大努力保护自然，减轻或补偿工程建设给环境带来的负面影响，并努力保持生态过程发展的连续性和生态系统结构的完整性，不断增强生态系统自我修复能力，以确保工程影响域内生态系统能够尽快达到新平衡。以公路建设为例，公路建设要与其他交通方式相互协调，相互衔接，建立起"内畅外通、灵活机动"的综合运输体系。公路路线长度要尽量缩短，要尽可能选用荒山、废地和劣地，要充分利用既有资源。在设计时要基于全寿命周期成本最优的原则设置适宜的路基与桥隧比例，要全面考虑收费站等服务设施的整体优化。

第四，在工程项目全寿命周期努力推广绿色技术。绿色技术是能减少环境污染、减少原材料(和资源、能源)使用的技术、工艺或产品的总称，包括能够从源头上减少污染的污染预防技术以及对废弃物进行分离、处理和焚化的末端技术。按照绿色建筑的要求，以"零资源、零能耗、零排放、零污染、零工地、零距离"为标准，建立从规划、勘察、设计、建造、使用、拆除到建筑材料循环利用和无害化处理的工程产品全寿命周期开发与建设的全新模式。例如，工程师对城市公共道路两侧声环境污染的防治，主要采用道路两端设置隔声设施、建造声屏障、栽植绿化带，调整临噪一侧建筑物的使用功能等措施。

第五，可通过促进工程产品产业化，达到工程设计标准化、构件生产工厂化、工程产品系列化、现场施工装配化、土建装修一体化、物流配送专业化，运用现代技术在流水线中实现各生产要素的整合，确保绿色技术真正发挥效用。

7.4　案例分析

【案例 I 】

1.背景

某日夜 23 时，某市环境保护行政主管部门接到居民投诉，称某项目工地有夜间施工噪声扰民情况。执法人员立刻赶赴施工现场，并在施工场界进行了噪声测量。经现场勘查:施工噪声源主要是推土机、挖掘机、打桩机等设备的施工作业噪声,施工场界噪声经测试为65.4分贝(A)。通过调查,执法人员核实了此次夜间施工作业不属于抢修、抢险作业,也不属于因生产工艺要求必须进行的连续作业,并无有关主管部门出具的相关证明。

2.问题

(1)本案例中,施工单位的夜间施工作业行为是否合法? 如违法说明理由。

(2)对本案例中施工单位的夜间施工作业行为应如何处理?

3.分析

(1)本案例中,施工单位的夜间施工作业行为构成了环境噪声污染违法行为。《中华人民共和国环境噪声污染防治法》(以下简称《环境噪声污染防治法》)第三十条规定,"在城市市区噪声敏感建筑物集中区域内,禁止夜间进行产生环境噪声污染的建筑施工作业,但抢修、抢险作业和因生产工艺上要求或者特殊需要必须连续作业的除外。因特殊需要必须连续作业的,必须有县级以上人民政府或者其有关主管部门的证明。前款规定的夜间作业,必须公告附近居民。"经执法人员核实,该施工单位夜间作业既不属于抢修、抢险作业,也不属于因生产工艺上要求必须进行的连续作业,并无有关主管部门出具的因特殊需要必须连续作业的证明。同时,该法第二十八条规定:"在城市市区范围内向周围生活环境排放建筑施工噪声的,应当符合国家规定的建筑施工场界环境噪声排放标准。"经检测,该施工场界噪声为65.4分贝(A),超过了《建筑施工场界环境噪声排放标准》中关于夜间噪声最大声级超过限值的标准。

(2)依据《环境噪声污染防治法》第五十六条规定:"在城市市区噪声敏感建筑物集中区域内,夜间进行禁止进行的产生环境噪声污染的建筑施工作业的,由工程所在地县级以上地方人民政府环境保护行政主管部门责令改正,可以并处罚款。"据此,对该施工单位应由市环境保护行政主管部门依法责令改正,还可以并处罚款。

【案例Ⅱ】

1.背景

某市环保局接到居民投诉,城区二环路一处建筑工地正进行施工,尘土飞扬,还传来阵阵刺鼻味道,严重影响了当地居民生活。市环保局随即对该工地进行检查,发现该工地堆放的大量沙石、灰土等物料及建筑垃圾,由于冬期施工天气干燥,经风一吹尘土飞扬,而且该地交通繁忙,车辆经过也激起大量扬尘。同时,屋面防水工程使用的沥青,在熬制过程中未采取任何防护措施,大量刺激(刺鼻)性气体直接挥发到空气中,对周围小区居民生活造成了严重影响。市环保局要求该施工单位进行限期整改。但是,该施工单位未采取任何整改措施,依然照常进行施工作业。

2.问题

(1)施工单位违反了《中华人民共和国大气污染防治法》(以下简称《大气污染防治法》)的哪些规定?

(2)市环保局应当对其作如何处罚?

3.分析

(1)根据《大气污染防治法》第六十九条规定:"施工单位应当在施工工地设置硬质

建设工程伦理

围挡,并采取覆盖、分段作业、择时施工、洒水抑尘、冲洗地面和车辆等有效防尘降尘措施。建筑土方、工程渣土、建筑垃圾应当及时清运;在场地内堆存的,应当采用密闭式防尘网遮盖。工程渣土、建筑垃圾应当进行资源化处理。"本案中的施工单位违反了此项规定,没有对施工中建筑垃圾采取及时清运或遮盖等除尘措施,导致产生大量粉尘污染环境。

《大气污染防治法》第八十条规定:"企业事业单位和其他生产经营者在生产经营活动中产生恶臭气体的,应当科学选址,设置合理的防护距离,并安装净化装置或者采取其他措施,防止排放恶臭气体。"第八十二条规定:"禁止在人口集中地区和其他依法需要特殊保护的区域内焚烧沥青、油毡、橡胶、塑料、皮革、垃圾以及其他产生有毒有害烟尘和恶臭气体物质。"本案例中的施工单位违反法律规定,导致沥青在熬制过程中挥发出的大量刺激(刺鼻)性气体,对小区居民生活造成了严重影响。

(2)根据《大气污染防治法》第一百一十五条、第一百一十七条、第一百一十九条规定,该市住房城乡建设、环境保护等主管部门应当按照职责责令施工单位改正,处1万元以上10万元以下的罚款;拒不改正的,责令停工整治。

此外,《中华人民共和国环境保护法》第五十九条还规定:"企业事业单位和其他生产经营者违法排放污染物,受到罚款处罚,被责令改正,拒不改正的,依法作出处罚决定的行政机关可以自责令改正之日的次日起,按照原处罚数额按日连续处罚。"

【案例Ⅲ】

1.背景

南方某市突降大雨,环保局执法人员巡查发现市区某路段有大面积的积水,便及时上报该局。不久,市政部门派人来疏通管道,从管道中清出大量的泥沙、水泥块,还发现井口内有一个非市政部门设置的排水口,其方向紧靠某工地一侧。经执法人员调查确认,该工地的排水管道是工地施工打桩时铺设,工地内没有任何污水处理设施,其施工废水直接排放到工地外。工地的排污口通向该路段一侧的雨水井,但未办理任何审批手续。

2.问题

(1)本案例中,施工单位向道路雨水井排放施工废水的行为是否构成水污染违法行为?

(2)施工单位向道路雨水井排放施工废水的行为应受到何种处罚?

3.分析

(1)施工单位向道路雨水井排放施工废水的行为构成了水污染违法行为。根据《中华人民共和国水污染防治法》(以下简称《水污染防治法》)第二十一条的规定:"直接或者间接向水体排放工业废水和医疗污水以及其他按照规定应当取得排污许可证方可排放的废水、污水的企业事业单位和其他生产经营者,应当取得排污许可证;城镇污水集中处理设施的运营单位,也应当取得排污许可证。排污许可证应当明确排放水污染物的种类、浓度、总量和排放去向等要求。排污许可的具体办法由国务院规定。禁止企业事业单位和其他生产经营者无排污许可证或者违反排污许可证的规定向水体排放前款规定的废水、污水。"本案例中的施工单位,没有依法申报登记水污染物的情况和提供防治水污染方面的有关技术资料。

128

《水污染防治法》第二十二条规定："向水体排放污染物的企业事业单位和其他生产经营者,应当按照法律、行政法规和国务院环境保护主管部门的规定设置排污口;在江河、湖泊设置排污口的,还应当遵守国务院水行政主管部门的规定。"本案例中的施工单位私自设置排水口排放水污染物,没有办理相应的审批手续。

《水污染防治法》第三十七条规定："禁止向水体排放、倾倒工业废渣、城镇垃圾和其他废弃物。"本案例中的施工单位向雨水井中排放的施工废水中含有大量的泥沙、水泥块等废弃物。

(2)根据《水污染防治法》第八十四条规定："在饮用水水源保护区内设置排污口的,由县级以上地方人民政府责令限期拆除,处十万元以上五十万元以下的罚款;逾期不拆除的,强制拆除,所需费用由违法者承担,处五十万元以上一百万元以下的罚款,并可以责令停产整治。除前款规定外,违反法律、行政法规和国务院环境保护主管部门的规定设置排污口的,由县级以上地方人民政府环境保护主管部门责令限期拆除,处二万元以上十万元以下的罚款;逾期不拆除的,强制拆除,所需费用由违法者承担,处十万元以上五十万元以下的罚款;情节严重的,可以责令停产整治。未经水行政主管部门或者流域管理机构同意,在江河、湖泊新建、改建、扩建排污口的,由县级以上人民政府水行政主管部门或者流域管理机构依据职权,依照前款规定采取措施、给予处罚。"第72条、第75条第2款的规定,市环保局应当责令该施工单位限期改正,限期拆除私自设置的排污口,并可对该施工单位处2万元以上10万元以下的罚款;逾期不拆除的,强制拆除,所需费用由违法者承担,处10万元以上50万元以下的罚款。

【案例Ⅳ】

1.背景

某工地的一车建筑垃圾被倾倒在某市大街的道路两侧,污染面积75平方米,被该市环保局执法人员当场查获。经查,该工地已经依法办理渣土消纳许可证,施工单位与某运输公司签订了建筑垃圾运输合同,约定由该运输公司按照渣土消纳许可证的要求,负责该工地的建筑垃圾渣土清运处置,在垃圾渣土清运过程中出现的问题由运输公司全权负责。但是,该运输公司没有取得从事建筑垃圾运输的核准证件。

2.问题

(1)如何确定该建筑垃圾污染事件的责任主体?

(2)运输公司与施工单位分别应受到何种处罚?

3.分析

(1)《中华人民共和国固体废物污染环境防治法》(以下简称《固体废物污染环境防治法》)第二十条规定："产生、收集、贮存、运输、利用、处置固体废物的单位和其他生产经营者,应当采取防扬散、防流失、防渗漏或者其他防止污染环境的措施,不得擅自倾倒、堆放、丢弃、遗撒固体废物。禁止任何单位或者个人向江河、湖泊、运河、渠道、水库及其最高水位线以下的滩地和岸坡以及法律法规规定的其他地点倾倒、堆放、贮存固体废物。"《城市建筑垃圾管理规定》第十四条规定："处置建筑垃圾的单位在运输建筑垃圾时,应当随车携带建筑垃圾处置核准文件,按照城市人民政府有关部门规定的运输路线、时间运行,不得丢弃、遗撒建筑垃圾,不得超出核准范围承运建筑垃圾。"

本案例中,施工单位作为建筑垃圾的产生单位,已经依法办理了渣土消纳许可证,并要求运输公司按照渣土消纳许可证的要求,负责工地产生的建筑垃圾渣土的清运处置。运输公司违法将一车建筑垃圾倾倒在道路两侧,应当为建筑垃圾污染事件的责任主体。

(2)《固体废物污染环境防治法》第一百一十一条规定:"违反本法规定,有下列行为之一,由县级以上地方人民政府环境卫生主管部门责令改正,处以罚款,没收违法所得:(一)随意倾倒、抛撒、堆放或者焚烧生活垃圾的;(二)擅自关闭、闲置或者拆除生活垃圾处理设施、场所的;(三)工程施工单位未编制建筑垃圾处理方案报备案,或者未及时清运施工过程中产生的固体废物的;(四)工程施工单位擅自倾倒、抛撒或者堆放工程施工过程中产生的建筑垃圾,或者未按照规定对施工过程中产生的固体废物进行利用或者处置的;(五)产生、收集厨余垃圾的单位和其他生产经营者未将厨余垃圾交由具备相应资质条件的单位进行无害化处理的;(六)畜禽养殖场、养殖小区利用未经无害化处理的厨余垃圾饲喂畜禽的;(七)在运输过程中沿途丢弃、遗撒生活垃圾的。单位有前款第一项、第七项行为之一,处五万元以上五十万元以下的罚款;单位有前款第二项、第三项、第四项、第五项、第六项行为之一,处十万元以上一百万元以下的罚款;个人有前款第一项、第五项、第七项行为之一,处一百元以上五百元以下的罚款。违反本法规定,未在指定的地点分类投放生活垃圾的,由县级以上地方人民政府环境卫生主管部门责令改正;情节严重的,对单位处五万元以上五十万元以下的罚款,对个人依法处以罚款。"《城市建筑垃圾管理规定》第二十二条规定:"施工单位将建筑垃圾交给个人或者未经核准从事建筑垃圾运输的单位处置的,由城市人民政府市容环境卫生主管部门责令限期改正,给予警告,处1万元以上10万元以下罚款。"

据此,市环保局应当责令运输公司停止违法行为,限期改正,并可处5000元以上5万元以下的罚款;市容环境卫生主管部门责令施工单位限期改正,给予警告,处1万元以上10万元以下罚款。

(案例来源:2017年版全国一级建造师职业资格考试用书《建设工程法规及相关知识》,全国一级建造师执业资格考试用书编写委员会,中国建筑工业出版社)

案例思考:作为一名工程师,当接触的工程项目存在以上的环境问题时,应当怎么做?请展开论述。

7.5 小结

党的十八大提出:"把生态文明建设放在突出地位,融入经济建设、政治建设、文化建设、社会建设各方面和全过程,努力建设美丽中国,实现中华民族永续发展。"这是美丽中国首次作为执政理念提出,也是中国建设五位一体格局形成的重要依据。"美丽中国"的实现既需要每一个中国人的努力,更需要工程师树立起强烈的环保理念,分担环境责任,协调好经济发展与生态环境的矛盾,倡导环境代内正义和环境代际正义,保持区域间环境利益的公正性,这些都是建设生态文明、促进绿色可持续发展的关键。

保护环境人人有责,为了实现我们国家碳中和的目标,人人都应从身边小事做起,为减少碳排放做出应有的贡献。可采用的具体措施有:推行工程低碳化、坚持协调发展与可持续发展原则、促进代内公平与代际公平。

　　生态文明已成为中国与世界各国共同选择的可持续发展的一种新型文明形态。进入新时代,中国将在全球担当起更大的生态治理责任。中国一项项伟大工程及"美丽中国"的建设都依赖于负责任的工程师发挥重要职责。工程师应严格遵守"三同时"制度,认真履行环境伦理责任。

思考题

　　1.在实际的工程建设活动中,如何做好环境保护?

　　2.建设工程项目施工是否需要考虑环境和生态安全? 在企业资金紧张的情况下,处理工业"三废"是用价格低廉但会产生二次污染的技术,还是使用高成本投入研发、没有二次污染的绿色技术? 谈谈可行的具体举措。

8 新时期工程师职业伦理

【引例】中国混凝土界知识产权第一案

2006年6月,位于苏州相城经济开发区的FK公司向警方报案称,据公司上海客户反映,同在相城区的YL建材公司向其推销和该公司相同的混凝土减水剂产品,产品性能与该公司极为相似,疑为该公司原工程师聂某等违法侵犯其公司商业秘密。苏州相城公安分局迅速成立了专案组,展开调查取证和缜密侦查。经鉴定评估,聂某盗窃的技术资料属于公司技术秘密,公司评估该技术价值为920万元人民币。

据了解,该公司的混凝土减水剂产品,在中国市场约占40%的份额,产品市场前景非常看好。2004年8月,该公司为防止商业秘密外泄,与时任工程师的聂某签订了一份《保密协议》,经苏州市金阊区公证处公证,双方约定:聂某离职后不得向其他公司提供公司的技术或商业秘密,离职后三年内不得进入从事与该公司产品相同的企事业单位工作。而聂某则可以得到每月400元的额外保密费,离职也可得到一年的工资补偿。2006年4月,背负《保密协议》的聂某向该公司提出了辞职,当公司要求其办理移交手续时,发现共106页机密实验资料遗失。原来聂某已经为自己留好了退路。2006年3月,商人李某因为看好混凝土减水剂产品的市场前景,准备成立YL建材公司,遂以高薪报酬和15%的公司股份为诱饵,请聂某指导采购、安装设备。2006年4月,YL建材公司成立后,在聂某的直接指导下,使用原任职公司的产品配方和生产技术,生产出了同样品质的混凝土减水剂产品。聂某还把原任职公司的客户资料提供给李某,打开了产品的销售渠道。为扰乱警方视线,YL公司老板李某还使了一招"移花接木"之计,通过朋友关系与南京某设计研究院签订了一份虚假的"混凝土减水剂产品"技术转让协议,把签订协议时间故意提前到2006年3月,但是骗局最终被警方揭穿。聂某2004年3月1日应聘到FK公司研发部后,参与了该公司聚羧酸减水剂产品开发实验过程,对实验数据、生产机械的安装调试等比较了解。2006年12月,听到风声的聂某潜逃,成了公安部门网上通缉的犯罪嫌疑人,2007年6月5日,聂某在合肥市的一间网吧内被警方抓获。6日,李某也被逮捕。

聂某贪图高额报酬,不顾《保密协议》秘密窃取公司技术,终因涉嫌泄露商业机密成为网上通缉犯罪嫌疑人,经查明聂某盗窃的技术价值竟高达920万元,案件在业界引起轰动,被称为中国混凝土界知识产权第一案。聂某被判刑10个月。

据聂某原任职公司执行董事傅博士介绍,该事件分为两部分,一是技术秘密泄密盗窃案,二是知识产权侵权案。被窃取的聚羧酸盐的合成技术价值920万元。据悉,2006年窃取商业、技术机密案和侵犯知识产权案发生后,聂某原任职公司报了案,受到苏州市有关方面的高度重视。作为首次侦破的苏州知识产权大案、中国混凝土业界知识产权第一案,也引起了苏州市委书记王荣的关注,2006年8月,王荣书记亲笔批示侦破此案。2006年9月,苏州市公安局相城区公安分局经济侦察大队委托江苏省技术市场技术鉴定服务中心,进行了《关于"FK公司被侵犯商业秘密案"技术鉴定》,同时,该大队委托江苏五星资产评估有限公司进行了FK公司商业秘密的技术价值评估。2006年11月6日,鉴定和评估结果为,聂某盗窃的技术资料属于公司技术秘密,FK公司评估该技术价值为920万人民币,YL公司使用该技术当时侵犯FK公司知识产权价值为150万人民币,而且YL公司仍然在持续侵犯中。苏州市公安局相城分局经济侦察大队大队长邢达德表示,该案件是苏州公安首例侦破的知识产权大案。以前苏州也发生过类似的侵权事件,都由于无法取证不了了之。为什么此案可破?主要是因为受侵犯企业具有比较完善的保护措施。

据了解,FK公司从一开始就与聂某签订了《保密协议》,并依据该协议每个月对聂某发放保密奖金。《保密协议》还于2004年8月19日由苏州市金阊区公证处进行了公证。协议约定,"乙方(聂某)从甲方(FK公司)离职后三年内不得进入从事与甲方产品相同的企事业单位工作,不得独资或合资生产经营与甲方相同的产品;由于乙方为甲方行使了保密责任,在乙方离开甲方、甲方投资的企业、甲方的分支机构或其他一切与甲方有关机构后,甲方将给予乙方三年的保密经济补偿金,年补偿额为乙方离职前十二个月报酬总额的三分之一。"《保密协议》保密范围为一切属于公司的技术(或)商业秘密,其中技术秘密包括产品配方、设计、数据、图纸、技术报告、技术方案、实验报告、各种资料、调研报告、研究计划、预算报告、工作报告、备忘录、会议记录、产品专利等;商业秘密包括合同书、协议书、报价单、客户资料、营销价格、营销策略、调研报告、计划书、商务方案、投标书、竞标价格等。《保密协议》还规定,未经批准,不得将公司有关的技术或商业秘密文件带出工作地点,或私自复印等。据警方介绍,如果没有这个保密协议和对保密协议的公证,就很难判定何为秘密和泄密。另外,聂某在离开公司时对遗失的资料直认不讳,并签了字。从FK公司出示的"与公司签订保密协议的员工补偿工资发放表"上,反映出聂某按约定领取了补偿工资,说明公司一直在严格履行保密协议。这些,对侦破窃取秘密案提供了有力的证据。

2006年,江苏省技术市场技术鉴定服务中心对"FK公司被侵犯商业秘密案"进行技术鉴定;2006年11月6日,江苏五星资产评估有限责任公司受苏州市公安局相城分局委托,对因FK公司被侵犯商业秘密案,而涉及的该公司生产聚羧酸盐减水剂产品相关技术进行了评估,评估结果认定,以2006年8月6日为基准日,技术价值为920万元人民币。据悉,窃密者在YL公司对所盗窃技术和商业秘密进行了缩小版的复制拷贝,侦察人员说,不但使用了全部技术,而且复制了所有形式,连机械安装时的管道朝向都是一样的。更有甚者,聂某还将窃取的客户资料掠夺性使用,将电话直接打到一客户家中,引起客户的诧异和强烈不满,这同时加快了聂某自我暴露的速度。

据介绍,该泄密和侵权事件的肇事者(刑事案件嫌疑人之一)聂某,于2004年3月1日进入FK公司后,参与了该公司聚羧酸减水剂产品开发实验过程,对实验数据、生产机械的安装调试等比较了解。FK公司总经理助理缪某介绍说,聂某当时是一个普通本科毕业生,年纪轻,有过两年工作经历,进入FK公司后,受到公司器重,傅博士让他参与了研究开发过程,并悉心培养。聂某自己在辞职信上也透露出深受傅博士栽培之意。缪某说,如果没有这个窃密事件,聂某在公司的前途应该是相当乐观的。

据悉,傅博士早年从上海出国留学,在加拿大攻读硕士和博士学位,并在加拿大国家科学院潜心做学问,完成 50 多篇论文,获得 3 个专利。1996 年又在新加坡发展出一片新天地,2000 年回到中国创业,此后的 2003 年开始生产聚羧酸盐系列高性能混凝土减水剂,目前 FK 公司的混凝土减水剂产品处于国际领先地位,在中国市场约占 40%的份额。傅博士在苏州有自己的实验室,1978 年 10 月出生的聂某就有幸从一个普通的求职者成为这个实验室的常客,他的工资待遇也在试验期满后翻番。然而,是什么使他对现状不满意?以至于快速走上犯罪的道路?简单地说,是金钱的诱惑,从深层说,则是个人无原则和社会无规则导致的后果。

一位企业家顾先生表示,个人无原则,表现在许多青年在把跳槽当作家常便饭的同时,没有职业道德、缺乏做人基本准则,见利忘义,不懂得人生游戏规则;社会无规则,则反映出中国社会长期以来形成的法律意识淡薄,行业竞争缺少规矩,无视知识产权保护法规,剽窃、盗窃屡禁不止。二者相互作用,使一些利欲熏心的人敢于违法抗法,大胆地侵犯知识产权,甚者进而嚣张争抢被侵犯者的市场和固定客户。顾先生说,年轻的聂某从前途无量的外企工程师,到被网上追逃的犯罪嫌疑人,他所付出的代价是沉重的,从另一个方面来看,对职场中人的警示意义也是十分重要的。

(案例来源:苏州知识产权案告破 工程师窃走技术价值 920 万元,人民网-江南时报,http://news.sohu.com/20070319/n248806494.shtml)

案例思考:作为一名未来的建造师工程师,可能涉及设计图纸、技术方案等知识产权的内容,还需要尊重他人的知识产权,不侵犯他人的专利权、著作权等。你认为建造师应怎样保护自己的知识产权,确保自己的知识成果得到合法的保护?

8.1 知识产权

1967 年 7 月 14 日,在斯德哥尔摩签订的《建立世界知识产权组织公约》于 1970 年 4 月 26 日生效。根据此公约设置了一个联合国保护知识产权的专门机构,即世界知识产权组织(World Intellectual Property Organization,WIPO),该组织总部设在日内瓦。中国于 1980 年 6 月 3 日加入了该组织。

2018 年 12 月 5 日,世界知识产权组织在日内瓦发布《世界知识产权指标》(WIPI)年度报告称,2017 年中国在专利、商标和工业品外观设计等方面的知识产权申请数量位居世界第一,中国在知识产权领域的强劲表现带动了全球知识产权申请数量创新高。

知识产权,也称"知识所属权",指"权利人对其智力劳动所创作的成果和经营活动中的标记、信誉所依法享有的专有权利",一般只在有限时间内有效。

知识产权英文为"intellectual property",其原意为"知识(财产)所有权"或者"智慧(财产)所有权",也称为智力成果权。在中国台湾和中国香港,则通常称之为智慧财产权或智力财产权。根据《中华人民共和国民法典》的规定,知识产权属于民事权利,是基于创造性智力成果和工商业标记依法产生的权利的统称。有学者考证,该词最早于 17 世纪中叶由法国学者卡普·佐夫提出,后为比利时著名法学家皮卡第所发展,皮卡第将之定义为"一切来自知识活动的权利"。直到 1967 年《建立世界知识产权组织公约》签订以后,该词才逐渐为国际社会所普遍使用。

知识产权是指人们就其智力劳动成果所依法享有的专有权利,通常是国家赋予创造者对其智力成果在一定时期内享有的专有权或独占权(exclusive right)。

知识产权从本质上说是一种无形财产权,它的客体是智力成果或是知识产品,是一种无形财产或者一种没有形体的精神财富,是创造性的智力劳动所创造的劳动成果。它与房屋、汽车等有形财产一样,都受到国家法律的保护,都具有价值和使用价值。有些重大专利、驰名商标或作品的价值也远远高于房屋、汽车等有形财产。

《企业知识产权管理规范》是由 TC554(全国知识管理标准化技术委员会)归口上报及执行的国家标准。由国家知识产权局起草制定,国家市场监督管理总局、国家标准化管理委员会批准颁布,是我国首部企业知识产权管理国家标准,于 2013 年 3 月 1 日起实施。在术语和定义 3.1 条提到:知识产权是在科学技术、文学艺术等领域中,发明者、创造者等对自己的创造性劳动成果依法享有的专有权。其范围包括专利、商标、著作权及相关权、集成电路布图设计、地理标志、植物新品种、商业秘密、传统知识、遗传资源以及民间文艺等。

各种智力创造比如发明、外观设计、文学和艺术作品,以及在商业中使用的标志、名称、图像,都可被认为是某一个人或组织所拥有的知识产权。

"知识产权"一词是在 1967 年世界知识产权组织成立后出现的。

知识产权,是关于人类在社会实践中创造的智力劳动成果的专有权利。随着科技的发展,为了更好保护产权人的利益,知识产权制度应运而生并不断完善。如今侵犯专利权、著作权、商标权等侵犯知识产权的行为越来越多。17 世纪上半叶产生了近代专利制度;一百年后产生了"专利说明书"制度;又过了一百多年后,从法院在处理侵权纠纷时的需要开始,才产生了"权利要求书"制度。在 21 世纪,知识产权与人类的生活息息相关,到处充满了知识产权,在商业竞争上我们可以看出它的重要作用,2017 年 4 月 24 日,最高法首次发布《中国知识产权司法保护纲要》。

2020 年 5 月 27 日,全国打击侵犯知识产权和制售假冒伪劣商品工作领导小组印发《2020 年全国打击侵犯知识产权和制售假冒伪劣商品工作要点》(以下简称《要点》)。要求以习近平新时代中国特色社会主义思想为指导,贯彻落实党中央、国务院决策部署,按照《关于强化知识产权保护的意见》要求,坚持依法治理、打建结合、统筹协作、社会共治原则,推进跨部门、跨领域、跨区域执法联动,依法严厉打击侵权假冒违法犯罪行为,推动优化市场化、法治化、国际化营商环境。

《要点》对 2020 年全国打击侵权假冒伪劣工作作出安排,涉及 7 方面、35 项任务。一是深化重点领域治理和产品监管。加强互联网、农村和城乡接合部市场、进出口环节侵权假冒治理,加强外商投资企业知识产权保护,强化重点市场、重点产品、寄递环节监管。二是强化知识产权保护。加强商标专用权及其他商业标识权益保护,加强专利纠纷行政裁决和打击假冒专利行为,严格版权和地理标志保护,强化植物新品种保护和林草种苗市场监管,持续推进软件正版化,健全无害化销毁,查处侵权假冒涉税案件。三是严惩侵权假冒违法犯罪行为。加大刑事打击力度,全面履行检察职能,深入推进司法保护,依法加强侵权假冒重点行业和重点领域案件审判工作。四是推进法规制度建设。推动完善法律法规,推进信用体系建设,推进完善两法衔接,健全考核评价机制,推动区域协作联动。五是构建社会共治格局。加大信息公开力度,强化市场主体责任,发挥行业组织作用,优化企业知识产权服务,不断强化维权援助,持续开展教育引导。六是深化对外交流合作。深入开展多双边交流合作,大力加强跨境执法协作,支持企业开展海外维权。七是推进业务能力建设。提升专业水平,运用信息化手段,加强系统性宣传。

2020年11月30日,十九届中央政治局就加强我国知识产权保护工作进行集体学习,习近平总书记主持学习并发表重要讲话,充分肯定了我国知识产权保护工作取得的历史性成就,系统论述了知识产权保护工作的重大意义,深刻分析了当前知识产权保护工作面临的形势任务,就全面加强知识产权保护工作作出重大部署。习近平总书记在讲话中回顾了我国知识产权保护工作从新中国成立伊始到改革开放,再到党的十八大以来走过的不平凡历程,深刻指出,我国知识产权事业不断发展,走出了一条中国特色知识产权发展之路,知识产权保护工作取得了历史性成就。回望我国知识产权发展历程,我们用了几十年时间,走过了发达国家几百年的发展道路,实现了从无到有、从小到大的历史性跨越,成为一个名副其实的知识产权大国。

党对知识产权事业的领导不断强化。新中国成立后不久,我国就对知识产权保护工作进行了积极探索。党的十一届三中全会以后,我国知识产权工作逐步走上正规化轨道。2008年《国家知识产权战略纲要》颁布实施,知识产权上升为国家战略。党的十八大以来,党中央把知识产权工作摆在更加突出的位置,习近平总书记作出一系列重要指示,多次主持召开中央全面深化改革委员会(领导小组)会议,审议通过《关于强化知识产权保护的意见》《知识产权综合管理改革试点总体方案》等重要文件,作出一系列重大部署。中共中央、国务院印发《深入实施国家知识产权战略行动计划(2014—2020年)》《国务院关于新形势下加快知识产权强国建设的若干意见》《"十三五"国家知识产权保护和运用规划》等一系列重要文件,建立了国务院知识产权战略实施工作部际联席会议等制度机制。组建国家市场监管总局,重新组建国家知识产权局,实现了专利、商标、原产地理标志、集成电路布图设计的集中统一管理和专利、商标的综合执法,行政管理效能大幅提升。成立多家知识产权法院,最高人民法院挂牌成立知识产权法庭,知识产权司法保护显著加强。

知识产权法律制度日益完善。自20世纪80年代起,我国陆续制定出台商标法、专利法、著作权法、反不正当竞争法、植物新品种保护条例、集成电路布图设计保护条例、奥林匹克标志保护条例等法律法规,建立起符合国际通行规则、门类较为齐全的知识产权法律制度,并在实践过程中,不断修改完善。特别是近年来,新制定的民法典确立了知识产权保护的重大法律原则,专利法、商标法、著作权法修改,建立了国际上高标准的侵权惩罚性赔偿制度,为严格知识产权保护提供了有力的法律保障。同时,我国还陆续加入了知识产权领域几乎所有主要的国际公约,积极履行国际公约规定的各项责任义务,日益成为知识产权国际规则的坚定维护者、重要参与者和积极建设者。

知识产权综合实力快速跃升。几十年来,我国知识产权事业从零起步、不断发展壮大。特别是党的十八大以来,我国知识产权综合实力快速跃升,核心专利、知名商标、精品版权、优质地理标志产品等持续增加。2020 年国内(不含港澳台)每万人口发明专利拥有量达到 15.8 件,有效商标注册量达到 3017.3 万件,均为 2012 年的 4 倍多。2019 年,PCT 国际专利申请量跃居全球第一,马德里国际商标申请量居全球第三。知识产权保护社会满意度由 2012 年的 63.69 分提高到 2020 年的 80.05 分。我国在全球创新指数报告中的排名由 2012 年的第 34 位提升到 2020 年的第 14 位,位居中等收入经济体之首,是世界上进步最快的国家之一;世界领先的 5000 个品牌中,中国占 408 个,总价值达 1.6 万亿美元。在全球营商环境报告中的排名由 2012 年的第 91 位大幅跃升至 2020 年的第 31 位,连续两年进入全球营商环境改善幅度最大的十大经济体。2019 年专利密集型产业增加值占国内生产总值的 11.6%。最新统计显示,使用地理标志专用标志企业直接产值达 6398 亿元。知识产权综合实力快速跃升,为国家经济社会发展提供了有力支撑。

习近平总书记深刻指出,创新是引领发展的第一动力,保护知识产权就是保护创新。知识产权保护工作关系国家治理体系和治理能力现代化,关系高质量发展,关系人民生活幸福,关系国家对外开放大局,关系国家安全。习近平总书记的重要论述将知识产权保护工作提升到了前所未有的高度。

习近平总书记深刻指出,全面建设社会主义现代化国家,必须从国家战略高度和进入新发展阶段要求出发,全面加强知识产权保护工作,促进建设现代化经济体系,激发全社会创新活力,推动构建新发展格局。我们要进一步增强做好新时代知识产权保护工作的责任感、使命感、紧迫感,找准知识产权在构建现代化经济体系中的角色定位,通过全面加强知识产权保护,更好地对内激励创新、对外促进开放,推动高标准市场体系建设,发展更高层次的开放型经济,支撑构建以国内大循环为主体、国内国际双循环相互促进的新发展格局。

习近平总书记深刻指出,当前,我国正在从知识产权引进大国向知识产权创造大国转变,知识产权工作正在从追求数量向提高质量转变。站在新的历史起点上,我们要以事业发展的历史性成就,激励干部职工进一步增强干事创业的热情,同时准确把握事业发展的新形势、新特点、新任务,继续沿着党指引的方向笃定前行,坚定不移走好中国特色知识产权发展之路。特别是要突出高质量发展的时代主题,以更高的标准全面强化知识产权创造、运用、保护、管理和服务,以更大的力度全面加强知识产权保护国际合作,在更高起点上推动知识产权事业稳中求进、高质量发展。

习近平总书记深刻指出,要秉持人类命运共同体理念,坚持开放包容、平衡普惠的原则,深度参与世界知识产权组织框架下的全球知识产权治理,推动完善知识产权及相关国际贸易、国际投资等国际规则和标准,推动全球知识产权治理体制向着更加公正合理方向发展。要深化共建"一带一路"沿线国家和地区知识产权合作,倡导知识共享。

习近平总书记深刻指出,要坚持以我为主、人民利益至上、公正合理保护,既严格保护知识产权,又防范个人和企业权利过度扩张,确保公共利益和激励创新兼得。

习近平总书记在讲话中就加强知识产权保护工作顶层设计、提高知识产权保护工作法治化水平、强化知识产权全链条保护、深化知识产权保护工作体制机制改革、统筹推进知识产权领域国际合作和竞争、维护知识产权领域国家安全等作出重点部署。这是立足全局、着眼未来,就知识产权保护工作作出的重大部署,具有极强的针对性和指导性。

这六个方面相互关联、有机统一，是知识产权保护工作的关键领域和核心环节。需要我们全面把握习近平总书记这六点重要指示，树立系统观念，突出工作重点，一体推进落实，以实际行动践行"两个维护"，确保习近平总书记重要指示在知识产权领域落地生根、开花结果。

站在新的历史起点上，我们要坚决贯彻落实习近平总书记重要讲话精神和中央关于知识产权工作的决策部署，准确把握新发展阶段，深入贯彻新发展理念，推动构建新发展格局，不断提高政治判断力、政治领悟力、政治执行力，坚持走中国特色知识产权发展之路，切实增强新形势下做好知识产权保护工作的本领，不断开创知识产权事业改革发展新局面，为全面建设社会主义现代化国家提供更加有力的支撑。坚持稳中求进工作总基调，着力推动高质量发展，以知识产权高质量发展支撑经济社会高质量发展。树立系统观念，围绕知识产权保护，统筹推进知识产权严保护、大保护、快保护、同保护；围绕知识产权运用，协调推进建机制、建平台、促产业；围绕知识产权管理，打通创造、运用、保护、管理、服务全链条，贯通知识产权各类别，发挥综合效益。重视基层基础，持续提高审查质量和审查效率，加强地方知识产权能力建设，广泛开展知识产权普及宣传，提高社会公众知识产权意识。坚持全面从严治党，充分发挥知识产权系统各级党组织的战斗堡垒作用和共产党员的先锋模范作用，推动党建和业务深度融合，扎实推进党风廉政建设和反腐败工作，以高质量党建引领和推动知识产权事业高质量发展。

1985年4月1日，《中华人民共和国专利法》实施的第一天，原航天工业部207所工程师胡国华，提交了我国第一件发明专利申请，专利号"85100001.0"（图8-1）。以此为起点，我国的专利事业步入正轨，走上了"快车道"。

图8-1　工程师胡国华提交了我国第一件发明专利申请

2020年中国国际服务贸易交易会上，国家和地方知识产权部门共同派员入驻服贸会知识产权保护办公室，现场开展知识产权保护和咨询服务，有力保障了服贸会的成功举办（图8-2）。

图 8-2　2020 年服贸会知识产权保护服务

保护知识产权,优化营商环境,事关人民群众切身利益,事关创新型国家建设,事关经济社会高质量发展。2020 年 4 月 26 日,中国国务院新闻办公室就《中国知识产权保护与营商环境新进展报告(2019)》有关情况在北京举行新闻发布会(图 8-3)。

图 8-3　《中国知识产权保护与营商环境新进展报告(2019)》新闻发布会

2020 年 4 月 28 日,新中国成立以来第一个在我国缔结、以我国城市命名的国际知识产权条约——《视听表演北京条约》(以下简称《北京条约》)正式生效。《北京条约》的缔结和生效,成为国际知识产权保护领域的一个重要里程碑,体现出国际社会对我国近年来版权保护工作的高度关注和认可。图 8-4 为 2012 年 6 月世界知识产权组织(WIPO)在北京缔结《视听表演北京条约》。

图 8-4　WIPO 在北京缔结《视听表演北京条约》

2020 年 7 月 31 日上午,北斗三号全球卫星导航系统建成暨开通仪式在北京举行。中共中央总书记、国家主席、中央军委主席习近平出席仪式,宣布北斗三号全球卫星导航系统正式开通。

2020 年新冠疫情发生后,流动资金对于企业复工复产尤为关键。国家知识产权局联合市场监管总局和药监局迅速发布《支持复工复产十条》,印发《关于大力促进知识产权运用 支持打赢疫情防控阻击战的通知》,指导全国 31 个省级知识产权管理部门出台各类应急性政策文件 70 余件。多地通过编印文件或二维码分享等方式,积极推广有关政策,充分发挥知识产权融资纾困助企的作用。国家知识产权局设立专利/商标质押登记绿色通道,累计为 5000 余家企业提供即刻办理的加急服务。大幅提高登记效率,修订商标质押登记程序规定,实行告知承诺制,简化质押登记材料和程序,压缩办理时限至 2 个工作日;专利质押纸件办理时间由 7 个工作日压缩至 3 个工作日,电子化办理压缩至 1 个工作日。统计显示,2020 年专利质押融资的出质人中,工业企业出质的专利数量占全部出质专利数量的 97.9%,达到"十三五"以来的最高值,说明质押融资有力地支持了知识产权转化实施,支持了实体经济的发展。2020 年,我国专利、商标质押融资登记金额达到 2180 亿元,同比增长 43.9%,质押项目数 1.2093 万项,同比增长 43.8%,实现了"十三五"时期最大幅度的增长。

8.2　工程师与技术伦理

工程师是工程建设的重要成员,根据工程建设需要,精心安排组织调配一支精干施工队伍,优化施工方案,这样有利于发挥每个工作人员的作用。工程师不仅要具有较强的管理能力,同时也具备强大的协调能力,组织协调是工程师的一项重要职能,其目的是改善和调整决策者和工作人员之间的关系并达成共识,保证工作正常有序进行,保证工程顺利建设。

工程师在工程技术活动中承担很多的责任,一是承担一定的技术责任;二是承担一定的伦理责任。

谈到技术的起源时,人们往往会强调技术是人类肢体能力的延伸,不管是中国古代的荀子还是当代西方的许多技术哲学家都持有类似的立场。时至今日,我们更是生活在了一个科学和技术的世界之中。在看到科学技术给我们带来巨大便利的同时,更应该看到,它们作为一种力量,介入人类社会之后所带来的秩序改变甚至重组。正是在此意义上,恩格斯在强调劳动在人诞生过程中的重要性时,实际上也就是强调了技术对人自身以及人所存在于其中的社会关系的重要性。这种重要性在当下更是体现为人类本身的技术化趋势,这种趋势一方面表现为人类身体的技术化,例如,不管出于治疗还是增强的目的,人类身体中所植入的某些技术制品,在某种程度上已经改变了人的生物学界定;另一方面,在更广泛的层面上也表现为人类生存的技术化,人类生存的各个方面都被技术深刻影响。正是看到了技术对人类身体乃至人类社会的这种重大影响,自古以来思想家们就非常强调人类伦理秩序与技术的和谐发展。柏拉图在对希腊神话的解读中,正是从此角度指出了普罗米修斯给人类所带来的技术与赫尔墨斯所带来的秩序,共同构成了人类社会。近代科学诞生以来,就一直存在的"两种文化"之争,同样也反映出了思想家们试图弥合技术与伦理之分裂所做的努力。

技术伦理是指通过对技术的行为进行伦理导向,使技术主体(包括技术设计者、技术生产者和销售者、技术消费者)在技术活动过程中,不仅考虑技术的可能性,而且还要考虑其活动的目的手段以及后果的正当性。通过对技术行为的伦理调节,协调技术发展与人以及社会之间的紧张的伦理关系。现代工程越来越无法摆脱作为活动手段的技术,而越来越复杂的现代技术则需要更多地依托于工程来实现。技术与工程的区分是相对的,在特定的条件下,技术与工程的区分才有意义。

技术伦理与工程伦理的区别也是相对的。技术伦理着重解决技术活动中的伦理问题,是研究以利益为基础的人们在从事技术活动中应遵循的道德原则、规范与追求的道德价值目标;工程伦理着重解决工程活动中的伦理问题。技术伦理与工程伦理适用的范围不同。工程伦理准则包含以下几个方面"以人为本"原则。以人为本就是以人为主体,以人为前提,以人为动力,以人为目的。以人为本是工程伦理观的核心,是工程师处理工程活动中各种伦理关系最基本的伦理原则。它体现的是工程师对人类利益的关心,对绝大多数社会成员的关爱和尊重之心。以人为本的工程伦理原则意味着工程建设要有利于人的福利,提高人民的生活水平,改善人的生活质量。

随着人工智能技术的快速发展和广泛应用,智能时代的大幕正在拉开,无处不在的数据和算法正在催生一种新型的人工智能驱动的经济和社会形式。人工智能能够成为一股"向善"的力量,持续造福于人类和人类社会,但也带来了隐私保护、虚假信息、算法歧视、网络安全等伦理与社会影响,引发了对新技术如何带来个人和社会福祉最大化的广泛讨论。人工智能伦理开始从幕后走到前台,成为纠偏和矫正科技行业狭隘的技术向度和利益局限的重要保障。正如有学者所言,要让伦理成为人工智能研究与发展的根本组成部分。在此背景下,从政府到行业再到学术界,全球掀起了一股探索制定人工智能伦理原则的热潮。例如,经济合作与发展组织(OECD)和二十国集团(G20)已采纳了首个由各国政府签署的人工智能原则,成为人工智能治理的首个政府间国际共识,确立了以人为本的发展理念和敏捷灵活的治理方式。我国新一代人工智能治理原则也紧跟着发布,提出和谐友好、公平公正、包容共享、尊重隐私、安全可控、共担责任、开放协作、敏捷治理八项原则,以发展负责任的人工智能。可见,各界已经基本达成共识,以人工智能为代表的新一轮技术发展应用离不开伦理原则提供的价值引导。因此,我们认为需要构建以信任、幸福、可持续为价值基础的人工智能伦理,以便帮助重塑数字社会的信任,实现技术、人、社会三者之间的良性互动和发展,塑造健康包容可持续的智慧社会。

技术创新是推动人类和人类社会发展的最主要因素。在21世纪的今天,人类所拥有的技术能力,以及这些技术所具有的"向善"潜力,是历史上任何时候都无法比拟的。换言之,人工智能等新技术本身是"向善"的工具,可以成为一股"向善"的力量,用于解决人类发展面临着的各种挑战。与此同时,人类所面临的挑战也是历史上任何时候都无法比拟的。联合国制定的《2030年可持续发展议程》确立了17项可持续发展目标,实现这些目标需要解决相应的问题和挑战,包括来自生态环境的、来自人类健康的、来自社会治理的、来自经济发展的等。将新技术应用于这些方面,是正确的、"向善"的方向。例如,人工智能与医疗、教育、金融、政务民生、交通、城市治理、农业、能源、环保等领域的结合,可以更好地改善人类生活,塑造健康包容可持续的智慧社会。因此,企业不能只顾财务表现、只追求经济利益,还必须肩负社会责任,追求社会效益,服务于好的社会目的和社会福祉,给社会带来积极贡献,实现利益与价值的统一。包括有意识有目的地设计、研发、应用技术来解决社会挑战。

总的来说,工程师对人类社会的影响以及对当下和未来经济、社会和环境的可持续发展承担重要责任。这一群体对技术伦理的理解深刻与否将显得至关重要,做某些事情不能一味追求技术可行,而应该结合多方面伦理因素进行综合分析后再做决定。

8.3 案例分析

"人人影视字幕组"App案

2020年9月,上海警方在工作中发现,有人通过"人人影视字幕组"网站和客户端提供疑似侵权影视作品的在线观看和离线下载。经与相关著作权权利人联系,上述影视作品未取得著作权权利人的授权或许可。经查,自2018年起,犯罪嫌疑人梁某等人先后成立多家公司,在境内外分散架设、租用服务器,开发、运行、维护"人人影视字幕组"App及相关网站,在未经著作权人授权的情况下,通过境外盗版论坛网站下载获取片源,以约400元/部(集)的报酬雇人翻译、压片后,上传至App服务器向公众传播,通过收取网站会员费、广告费和出售刻录侵权影视作品移动硬盘等手段非法牟利。现初步查证,各端口应用软件刊载影视作品20 000余部(集),注册会员数量800余万。

2021年1月6日,上海警方历经三个月缜密侦查,在山东、湖北、广西等地警方的大力配合下,成功侦破"9·8"特大跨省侵犯影视作品著作权案,抓获以梁某为首的犯罪嫌疑人14名,查处涉案公司3家,查获作案用手机20部和电脑主机、服务器12台,涉案金额1 600余万元。

法律分析：

本案中，人人影视字幕组未经有效授权即自行复制、翻译并经信息网络传播影视作品，且通过传播盗版影视作品非法牟利，涉案金额达到了较大的程度，有可能触犯了《中华人民共和国刑法》第二百一十七条关于著作权保护的规定。

相对于一般的知识产权侵权行为，人人影视字幕组的侵权行为由于其严重性可能触犯了刑法，所以由警方立案侦查。

而对于知识产权的版权侵权行为，一般由《中华人民共和国著作权法》调整，主要发生在民事主体之间，侵权方大多依据具体情形，承担停止侵害、消除影响、赔礼道歉、赔偿损失等民事责任。

知识产权保护涉及著作权、专利权、商标权及商业秘密等众多领域，本案的版权侵权主要侵犯了原作者及相关权利人的财产权，具体是影视作品的信息网络传播权。

因为权利人往往会以较大的成本从原作者手中取得独家授权，盗版视频的传播便极大地损害了专有权人的利益。

我国目前在立法和执法层面都十分重视知识产权的保护，陆续新修订的相关法律法规也将在今年生效。在共创良好营商环境的大背景下，企业的商业活动将不可避免地受到知识产权相关法律规范的约束。

实务建议：

如何规避商业活动的知识产权风险将是所有企业的必修课。

1. 注册商标

企业在成立之初往往疏于商标注册，开始规模化发展时便有可能出现商标被抢注的风险，而我国目前只保护注册商标，因此追求长远发展的企业主们一定要尽可能早日申请商标注册，并在十年期满前十二个月内办理续展手续。

2. 申请专利

目前我国专利申请分为发明、实用新型及外观设计三个类别，企业主们对于自主开发、合作开发或委托开发的产品都可以申请相应的专利，如此便能享有专有使用权，避免同类产品的仿冒与抄袭，也可以通过专利授权创造更大的利润空间。

3. 商业秘密保护

如果企业主们希望长期使用某项技术，不受专利保护期的限制，便可以采取商业秘密保护，通过保密措施实现某项技术的独家使用，同时也可以避免申请专利过程中的公开可能存在的反向破解。

4. 知识产权风险审查

在日常交易中，企业主们要注意审查合同相对方的产品、技术或服务等是否存在侵犯他人知识产权的风险，难以审查的可以通过事先约定权利瑕疵责任来规避；对于商事交易中彼此知悉的秘密信息也可以通过保密条款予以保护。

此事在知识产权领域引起广泛关注，业内人士认为，必须遵守基本的知识产权规则，即未经授权不能演绎（翻译）他人享有著作权的作品，更不能盗版传播。这样的基本认知，想必作为事件主角的人人影视字幕组应该知悉。如果清楚自身未经授权翻译并传播他人作品属于侵权，涉事主体本应该走上规范的发展道路，建立合法合规的商业模式，而不应该舍本逐末,进而弄巧成拙。

在保护知识产权已成文明社会基本共识的今天,任何个体和组织都不能打着知识传播者的旗号侵犯知识产权。具体来说,即不能以提供免费文化产品的名义,置文化产品的知识产权于不顾,违背法治社会私权保护的基本规则,行盗抢牟利之实质。"互联网+"时代,不乏各种免费的"午餐",但无论怎样,免费的前提是合理合法地提供,要么是自己享有产权的东西予以免费提供,要么是买来别人的东西免费提供,而不可以明抢暗夺地拿别人的东西进行免费提供。

保护知识产权就是保护创新。知识产权制度是人类社会进入市场经济以后,匹配社会创新发展而建立的一套行之有效的制度。在我国改革开放的历史进程中,知识产权保护作为国际合作和国内创新发展的重要内容,发挥了关键作用。当前,我国正由知识产权大国向知识产权强国转变,知识产权国际合作与竞争变得更为重要。

从促进文化产业繁荣的角度看,在加强国内优秀影视作品创作和传播的同时,适当加强国外优秀影视作品的版权引进以满足民众娱乐需求,亦有必要。不过,引进国外优秀影视剧必须走规范的版权渠道。盗版走私不但不利于国内影视剧的创作和消费,也不能从根本上解决民众文化影视娱乐消费的需求,还会对文化管理秩序造成破坏。

只有共同保护人类创新成果,才能共享创新成果,实现共同进步。中国大力倡导知识产权保护、深度参与全球知识产权治理,以实际行动接轨国际知识产权保护,这有利于保护和激励创新,实现经济社会高质量发展,促进国际经贸高水平合作。从这个意义上说,有关部门同等保护国内外知识产权,严格知识产权执法,既是国内创新发展的时代需要,也是国际协作保护知识产权的责任担当。

(案例来源:人人影视字幕组涉盗版 2 万余部影视作品,上海警方抓获 14 人.澎湃新闻,朱奕奕,2021)

8.4 小结

随着信息时代发展,大数据等技术的广泛使用,越来越多的个人隐私得不到应有的保护,人们对于信息安全的渴望,正在与日俱增。如何保护隐私,已经是互联网时代人们的核心关切点。在国家制定法的指导下,应加强对个人隐私、个人信息的系统保护,维护个人的人格尊严,保护每个人的权利。

信息时代下网络言论是言论的一种新的传播形式,网络并不是一个纯粹自由的空间,它是现实社会在网络上的延伸,受到现实社会法律的约束。规范网络言论,对维护国家的民主程序以及宪法秩序而言,十分必要。

信息时代下知识传播途径多样化的同时,导致很多知识产权受到了侵犯。重视知识产权的保护,已迫在眉睫。习近平总书记深刻指出,创新是引领发展的第一动力,保护知识产权就是保护创新。要坚持以我为主、人民利益至上、公正合理保护,既严格保护知识产权,又防范个人和企业权利过度扩张,确保公共利益和激励创新兼得。

工程师在工程技术活动中既要承担技术责任;又要承担伦理责任。在技术活动过程中,不仅考虑技术的可能性,而且还要考虑其活动的目的手段以及后果的正当性。工程师对人类社会的影响以及对当下和未来经济、社会及环境的可持续发展承担重要责任，做某些事情不能一味追求技术可行，而应该结合多方面伦理因素进行综合分析后再做决定。

思考题

1.信息时代如何做好个人信息的隐私保护？
2.谈谈你所理解的网络言论自由。

参考文献

[1]王进,彭妤琪.土木工程伦理学[M].武汉:武汉大学出版社,2020.

[2]黄宏章.三峡工程首例对日索赔纪实[J].四川监察,2001(2):23-24.

[3]余良,玉春来.三峡拒绝"豆腐渣"进口日本钢板检验索赔纪实[J].中国检验检疫,2000(2):13-14.

[4]方晔.日本第二大钢铁企业栽了,神户制铜被曝造假[J].中国质量技术监督,2017(10):79-80.

[5]季顺迎,武金瑛,马红花.力学史知识在材料力学教学中的结合与实践[J].高等理科教育,2012(4):137-142,164.

[6]肖峰.从魁北克大桥垮塌的文化成因看工程文化的价值[J].自然辩证法通讯,2006(5):12-17.

[7]刘永谋.工程师时代与工程伦理的兴起[N].光明日报,2018.

[8]卡尔·米切姆.技术哲学概论[M].殷登祥,曹南燕,等译.天津:天津科学技术出版社,1999.

[9]张恒力,王吴,许沐轩.美国工程伦理规范的历史进路[J].自然辩证法通讯,2018,400:82-88.

[10]肖平,铁怀江.工程职业自治与工程伦理规范本土化思考[J].西南民族大学学报,2013,34(9):71-75.

[11]苏俊斌,曹南燕.中国注册工程师制度和工程社团章程的伦理意识考察[J].华中科技大学学报:社会科学版,2007(4):95-100.

[12]潘磊.工程伦理章程的性质与作用[J].自然辩证法研究,2007,23(7):40-43.

[13]何普,董群.工程伦理规范的传统理论框架及其脆弱性[J].自然辩证法研究,2012,28(6):56-60.

[14]吴启迪.中国工程师史[M].上海:同济大学出版社,2017.

[15]赵雅超.中美工程伦理规范比较研究[D].北京:北京工业大学,2016.

[16]曾柳桃.责任伦理视角下工程风险及其防范研究[D].昆明:昆明理工大学,2016.

[17]张永强.工程伦理学[M].北京:北京理工大学出版社,2011.

[18]李伯聪.工程创新:突破壁垒和躲避陷阱[M].杭州:浙江大学出版社,2010.

[19]周建昆.云南省山区高速公路工程风险评价与管理研究[D].北京:中国铁道科学研究院,2011.

[20]张恒力,胡新和.工程风险的伦理评价[J].科学技术哲学研究,2010,27(2):99-103.

[21]孙杨.工程风险的哲学分析[D].西安:西安建筑科技大学,2012.

[22]李正风,丛杭青,王前,等.工程伦理[M].北京:清华大学出版社,2016.

[23]何放勋.工程伦理责任教育研究[D].武汉:华中科技大学,2008.

[24]郭锐.工程师的伦理责任问题研究[D].武汉:华中科技大学,2006.

[25]陈万求.工程技术伦理研究[M].北京:社会科学文献出版社,2012.

[26]陈德第,李轴,库桂生.国防经济大辞典[M].北京:军事科学出版社,2001.

[27]杨通进.当代西方环境伦理学[M].北京:科学出版社,2017.

[28]冯契,徐孝通,尹大贻,等.外国哲学大辞典[M].上海:上海辞书出版社,2008.

[29]刘树成.现代经济词典[M].南京:凤凰出版社,2005.

[30]胡志民.经济法[M].上海:上海财经大学出版社,2006.

[31]邓伟志.社会学辞典[M].上海:上海辞书出版社,2009.

[32]黎之罡.工程伦理视角下的工匠精神研究[D].武汉:武汉理工大学,2018.

[33]黄志,李永峰,丁睿.市政与环境工程系列丛书环境法学[M].哈尔滨:哈尔滨工业大学出版社,2015.

[34]全国一级建造师执业资格考试用书编写委员会.建设工程法规及相关知识[M].北京:中国建筑工业出版社,2017.

[35]维克托·迈尔-舍恩伯格,肯尼思·库克耶.大数据时代[M].盛杨燕,周涛,译.杭州:浙江人民出版社,2013.

[36]王进.伦理思维视阁下现代工程的"真""善""美"解读[J].道德与文明,2010(2):101-105.

[37]住房和城乡建设部.建设工程项目管理规范:GB/T 50326—2017[S].北京:中国建筑工业出版社,2018.

[38]齐艳霞.工程决策的伦理规约研究[D].大连:大连理工大学,2010.

[39]肖峰.论工程善及其实现方式的选择[J].哲学研究,2007(4):89-96,129.

[40]李伯聪.工程社会学导论:工程共同体研究[M].杭州:浙江大学出版社,2010.